UG NX12.0

数控加工典型实例教程

第 2 版

贺建群　编著

机 械 工 业 出 版 社

本书的主要内容包括 UG NX 12.0 数控加工基础、平面零件的加工、曲面零件的加工、点位加工、四轴加工和五轴加工。全书共 6 章，第 1 章主要介绍了 UG NX 12.0 常用的数控铣削加工方法，为后续案例学习打下基础，其余每章介绍两个典型实例，通过学习可基本掌握 UG 常用的加工方法，典型实例之后有小结、练习与思考。为便于读者学习，以光盘形式提供所有实例的源文件、结果文件、部分后处理文件、练习文件以及屏幕操作录像文件。

　　本书可作为大中专院校大机械类专业的 CAM 教材和培训机构的培训教材，也可作为数控加工领域专业技术人员的参考书。

图书在版编目（CIP）数据

UG NX 12.0 数控加工典型实例教程/贺建群编著. —2 版. —北京：机械工业出版社，2018.8（2024.7 重印）

ISBN 978-7-111-60344-3

Ⅰ. ①U… Ⅱ. ①贺… Ⅲ. ①数控机床－加工－计算机辅助设计－应用软件－教材 Ⅳ. ①TG659-39

中国版本图书馆 CIP 数据核字（2018）第 143258 号

机械工业出版社（北京市百万庄大街 22 号　邮政编码 100037）

策划编辑：周国萍　　　　　　　责任编辑：周国萍
责任校对：佟瑞鑫　王　延　　　封面设计：马精明
责任印制：单爱军

北京虎彩文化传播有限公司印刷

2024 年 7 月第 2 版第 4 次印刷

184mm×260mm · 12 印张 · 284 千字

标准书号：ISBN 978-7-111-60344-3
　　　　　　ISBN 978-7-88709-976-1（光盘）

定价：49.00 元（含 1 DVD）

电话服务　　　　　　　　　　网络服务
客服电话：010-88361066　　机　工　官　网：www.cmpbook.com
　　　　　　010-88379833　　机　工　官　博：weibo.com/cmp1952
　　　　　　010-68326294　　金　书　网：www.golden-book.com
封底无防伪标均为盗版　　　　机工教育服务网：www.cmpedu.com

前　言

UG 是集 CAD/CAM/CAE 于一体的三维参数化软件，以其强大的功能深得用户的喜爱，在机械设计与制造领域有着广泛的应用。随着现代制造技术的发展，四轴、五轴加工越来越普及，各大中专院校机械类专业师生和企业制造工程师们都需要优秀的 UG 数控加工图书来学习参考，故本次修订加入了四轴、五轴实例内容，使读者能够更快地适应技术发展。

本书以 UG NX 12.0 版本为基础，内容采用实例教学，实例具有典型性和代表性，在编写过程中尽量将复杂问题和操作步骤简化，并充分考虑实际加工因素的影响，最大限度地贴合生产实际。

在实例讲解过程中，既有步骤和动作介绍，又对应有图解和说明，将知识和信息以及重要的内容以最直接、简明的方式呈现给读者，让读者一看就明白。为便于读者学习和巩固知识，本书配有学习光盘，包含所有实例的源文件（其中 Parasolid 格式源文件适用 UG NX 8.0～UG NX 11.0）、结果文件、部分后处理文件、练习文件以及屏幕操作录像文件。

本书由江门职业技术学院贺建群编著，在编写过程中得到了学校同仁的帮助，在此表示衷心感谢！

由于编著者水平有限，书中难免有错误和不足之处，恳请广大读者提出意见和建议。联系方式：2240973691@qq.com。

编著者

目　　录

第1章

UG NX 12.0 数控加工基础

1.1 加工环境设置

如果是首次进入加工模块，系统会弹出如图 1-1 所示的"加工环境"对话框，要求先进行初始化。

图 1-1　"加工环境"对话框

cam_general 加工环境是一个基本加工环境，包括了所有的铣削加工、车削加工以及线切割加工功能，是最常用的加工环境。

选择"要创建的 CAM 组装"列表框中的模板文件，将决定加工环境初始化后可以选用的操作类型，也决定了在生成程序、刀具、方法、几何时可选择的父节点类型。

1.2 UG NX 数控加工一般步骤

数控编程的过程是指从加载毛坯、定义工序加工对象、选择刀具，到定义加工方法并生成相应的加工程序，然后依据加工程序的内容，如加工对象的具体参数、切削方式、切削步距、主轴转速、进给量、切削角度、进退刀点及安全平面等详细内容来确立刀具轨迹的生成方式；继而仿真加工，对刀具轨迹进行相应的编辑；待所有的刀具轨迹设计合格后，最后进行后处理，生成相应数控系统的加工代码进行DNC传输与数控加工。

UG NX 数控编程基本过程及内容如图1-2所示。

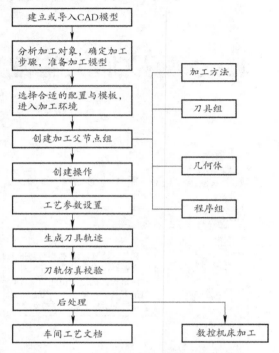

图 1-2　UG NX 数控编程的基本过程及内容

1.3　UG NX 数控铣削加工

铣削加工是 UG NX 数控加工最重要的内容，也是难度较大的部分，依据在加工过程中刀具轴线方向相对于工件是否保持不变可分为固定轴铣和可变轴铣两大类，固定轴铣又分为平面铣和轮廓铣，而轮廓铣包括型腔铣和固定轴曲面轮廓铣，可变轴铣又分为可变轴曲面轮廓铣和顺序铣。UG NX 各种数控铣削加工方法如图1-3所示。

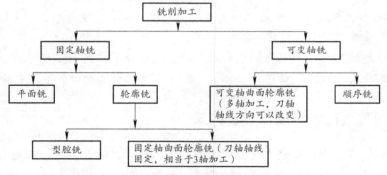

图 1-3　UG NX 数控铣削加工方法

1. 平面铣

功能：实现对平面零件（由平面和垂直面构成零件）的粗加工和精加工。

说明：计算速度快，但不能过切检查。

2. 型腔铣

功能：型腔铣是三轴加工，主要用于对各种零件的粗加工，特别是平面铣不能解决的曲面零件的粗加工。

说明：型腔铣主要用于曲面零件的粗加工，也可对平面和曲面进行精加工，通过限定高度值可用于平面的精加工，采用 ZLEVEL_PROFILE 方式可对陡峭面进行半精加工和精加工。

3. 固定轴曲面轮廓铣

功能：主要用于曲面零件的半精加工、精加工。

说明：刀具沿曲面外形切削，主要刀具是球刀。

4. 可变轴曲面轮廓铣

功能：可变轴曲面轮廓铣是以四、五轴方式对复杂零件表面做半精加工和精加工。

说明：通过控制刀轴和投影矢量，使刀具沿复杂曲面轮廓移动。

5. 顺序铣

功能：以三轴或五轴方式实现对特别零件的精加工，其原理是以铣刀的侧刃加工侧壁，端刃加工零件的底面。

说明：仅适合直纹类曲面的精加工。

1.4　平面铣

在平面铣这一工序类型中共有 15 种工序子类型，如图 1-4 所示。

图 1-4　平面铣工序子类型

每一个图标代表一种子类型，它们定制了平面铣工序参数设置对话框。选择不同的图标，所弹出的工序对话框也会有所不同，完成的工序功能也会不一样，各工序子类型的功能见表 1-1。

表 1-1　平面铣（mill_planar）工序子类型

序号	图标	英文名称	中文名称	功能说明
1		FLOOR_WALL	底壁铣	1）切削底面和壁 2）选择底面和/或壁几何体。要移除的材料由切削区域底面和毛坯厚度确定 3）用于对棱柱部件上平面的进行基础面铣。该工序替换 UG NX 8.0 中的 FACE MILLING AREA 工序
2		FLOOR_WALL_IPW	底壁铣 IPW	1）带 IPW 的底壁铣 2）使用 IPW 切削底面和壁 3）选择底面和/或壁几何体。要移除的材料由所选几何体和 IPW 确定 4）用于通过 IPW 跟踪未切削材料时铣削 2.5D 棱柱部件
3		FACE_MILLING	面铣	1）带边界面铣 2）垂直于平面边界定义区域内的固定刀轴进行切削 3）选择面、曲线或点来定义与要切削层的刀轴垂直的平面边界 4）用于线框模型
4		FACE_MILLING_MANUAL	手工面铣	1）切削垂直于固定刀轴平面的同时允许向每个包含手工切削模式的切削区域指派不同切削模式 2）选择部件上的面以定义切削区域。还可能要定义壁几何体 3）用于具有各种形状和大小区域的部件，这些部件需要对模式或者每个区域中不同切削模式进行完整的手工控制
5		PLANAR_MILL	平面铣	1）移除垂直于固定刀轴的平面切削层中的材料 2）定义平行于底面的部件边界。部件边界确定关键切削层 3）选择毛坯边界。选择底面来定义底部切削层 4）通常用于粗加工带直壁的棱柱部件上的大量材料

（续）

序号	图标	英文名称	中文名称	功能说明
6		PLANAR_ PROFILE	平面轮廓铣	1）使用"轮廓"切削模式来生成单刀路和沿部件边界描绘轮廓的多层平面刀路 2）定义平行于底面的部件边界。选择底面以定义底部切削层。可以使用带跟踪点的用户定义铣刀 3）用于不定义毛坯的情况下，常用于修边
7		CLEANUP_ CORNERS	清理拐角	1）使用前一操作的二维 IPW，以跟随零件切削类型进行平面铣 2）二维 IPW 定义切削区域。应选择底面来定义底部切削层 3）用于移除在之前工序中使用较大直径刀具后遗留在拐角的材料
8		FINISH_WALLS	精铣壁	1）使用"轮廓"切削模式来精加工壁，同时留出底面上的余量 2）定义平行于底面的部件边界。选择底面来定义底部切削层。根据需要定义毛坯边界和编辑最终底面余量 3）用于精加工直壁，同时留出余量以防止刀具与底面接触
9		FINISH_FLOOR	精铣底面	1）使用"跟随部件"切削模式来精加工底面，同时留出壁上的余量 2）定义平行于底面的部件边界。选择底面来定义底部切削层。定义毛坯边界。根据需要编辑部件余量 3）用于精加工底面，同时留出余量以防止刀具与壁接触
10		GROOVE_ MILLING	槽铣削	1）使用 T 形刀切削单个线性槽 2）指定部件和毛坯几何体。通过选择单个平面来指定槽几何体。切削区域可由过程工件确定 3）在使用 T 形刀对线性槽进行粗加工和精加工时使用

（续）

序号	图标	英文名称	中文名称	功能说明
11		HOLE_MILLING	孔铣	1）使用平面螺旋和/或螺旋切削模式来加工不通孔和通孔 2）选择孔几何体或使用已识别的孔特征。过程特征的体积确定待除料量 3）用于加工太大而无法钻削的孔
12		THREAD_MILLING	螺纹铣	1）加工孔内螺纹 2）螺纹参数和几何体信息可以从几何体、螺纹特征或刀具派生，也可以明确指定。刀具的牙型和螺距必须与工序中指定的牙型和螺距匹配。选择孔几何体或使用已识别的孔特征 3）用于切削太大而无法攻螺纹的螺纹
13		PLANAR_TEXT	平面文本	1）平面上的机床文本 2）将制图文本选作几何体来定义刀路。选择底面来定义要加工的面。编辑文本深度来确定切削的深度。文本将投影到沿固定刀轴的面上 3）用于加工简单文本，如标识号
14		MILL_CONTROL	铣削控制	1）仅包含机床控制用户定义事件 2）生成后处理命令并将信息直接提供给后处理器 3）用于加工功能，如开关切削液以及显示操作员消息
15		MILL_USER	铣削用户	1）用户定义铣 2）需要定制 NX Open 程序以生成刀路的特殊工序

1.5 型腔铣

轮廓铣包括型腔铣和固定轴曲面轮廓铣，如图 1-5 所示，其中型腔铣工序子类型 7 个，公共子类型 2 个，其余 12 个为固定轴曲面轮廓铣工序子类型。

图 1-5 轮廓铣工序子类型

型腔铣各工序子类型的功能见表 1-2。

表 1-2 型腔铣（CAVITY_MILL）工序子类型

序号	图标	英文名称	中文名称	功能说明
1		CAVITY_MILL	型腔铣	1）通过移除垂直于固定刀轴的平面切削层中的材料对轮廓形状进行粗加工 2）必须定义部件和毛坯几何体 3）用于移除模具型腔与型芯、凹模、铸造件和锻造件上的大量材料
2		ADAPTIVE_MILLING	自适应铣削	1）在垂直于固定轴的平面切削层使用自适应切削模式对一定量的材料进行粗加工，同时维持刀具进刀一致 2）必须定义部件和毛坯几何体 3）用于需要考虑延长刀具和机床寿命的高速加工
3		PLUNGE_MILLING	插铣	1）通过沿连续插削运动中刀轴切削来粗加工轮廓形状 2）部件和毛坯几何体的定义方式与在型腔铣中相同 3）用于对需要较长刀具和增强刚度的深层区域中的大量材料进行有效的粗加工

（续）

序号	图标	英文名称	中文名称	功能说明
4		CORNER_ROUGH	拐角粗加工	1）通过型腔铣来对之前刀具处理不到的拐角中的遗留材料进行粗加工 2）必须定义部件和毛坯几何体。将在之前粗加工工序中使用的刀具指定为"参考刀具"，以确定切削区域 3）用于拐角处残料粗加工
5		REST_MILLING	剩余铣	1）使用型腔铣来移除之前工序所遗留下的材料 2）部件和毛坯几何体必须定义 WORKPIECE 父级对象 3）切削区域由基于层的 IPW 定义 4）用于整体残料粗加工
6		ZLEVEL_PROFILE	深度轮廓铣	1）使用垂直于刀轴的平面切削对指定层的壁进行轮廓加工，还可以清理各层之间缝中遗留的材料 2）指定部件几何体。指定切削区域以确定要进行轮廓加工的面。指定切削层来确定轮廓加工刀路之间的距离 3）用于半精加工和精加工轮廓形状，如注塑模、凹模铸造和锻造
7		ZLEVEL_CORNER	深度加工拐角	1）使用轮廓切削模式精加工指定层中前一个刀具无法触及的拐角 2）必须定义部件几何体和参考刀具。指定切削层以确定轮廓加工刀路之间的距离。指定切削区域来确定要进行轮廓加工的面 3）用于移除前一个工序由于刀具半径大于拐角半径而无法触及的材料

（续）

序号	图标	英文名称	中文名称	功能说明
8		MILL_USER	铣削用户	1）用户定义铣 2）需要定制 NX Open 程序以生成刀路的特殊工序
9		MILL_CONTROL	铣削控制	1）仅包含机床控制用户定义事件 2）生成后处理命令并将信息直接提供给后处理器 3）用于加工功能，如开关切削液以及显示操作员消息

1.6 固定轴曲面轮廓铣

如图 1-5 所示，固定轴曲面轮廓铣有 12 个工序子类型，各工序子类型的功能见表 1-3。

表 1-3 固定轴曲面轮廓铣（FIXED_CONTOUR）工序子类型

序号	图标	英文名称	中文名称	功能说明
1		FIXED_CONTOUR	固定轮廓铣	1）用于对具有各种驱动方法、空间范围和切削模式的部件或切削区域进行轮廓铣的基础固定轴曲面轮廓铣工序 2）根据需要指定部件几何体和切削区域。选择并编辑驱动方法来指定驱动几何体和切削模式 3）通常用于精加工轮廓形状
2		CONTOUR_AREA	区域轮廓铣	1）使用区域铣削驱动方法来加工切削区域中面的固定轴曲面轮廓铣工序 2）指定部件几何体。选择面以指定切削区域。编辑驱动方法以指定切削模式 3）用于精加工特定区域
3		CONTOUR_SURFACE_AREA	曲面区域轮廓铣	1）使用曲面区域驱动方法对选定面定义的驱动几何体进行精加工的固定轴曲面轮廓铣工序 2）指定部件几何体。编辑驱动方法以指定切削模式，并在矩形栅格中按行选择面以定义驱动几何体 3）用于精加工包含顺序整齐的驱动面矩形栅格的单个区域

（续）

序号	图标	英文名称	中文名称	功能说明
4		STREAMLINE	流线	1）使用流曲线和交叉曲线来引导切削模式并遵照驱动几何体形状的固定轴曲面轮廓铣工序 2）指定部件几何体和切削区域。编辑驱动方法来选择一组流曲线和交叉曲线以引导和包含路径。指定切削模式 3）用于精加工复杂形状，尤其是要控制光顺切削模式的流和方向
5		CONTOUR_AREA_NON_STEEP	非陡峭区域轮廓铣	1）使用区域铣削驱动方法来切削陡峭度大于特定陡峭壁角度的区域的固定轴曲面轮廓铣工序 2）指定部件几何体。选择面以指定切削区域。编辑驱动方法以指定陡峭壁角度和切削模式 3）与 ZLEVEL PROFILE 一起使用，以精加工具有不同策略的陡峭和非陡峭区域。切削区域将基于陡峭壁角度在两个工序间划分
6		CONTOUR_AREA_DIR_STEEP	陡峭区域轮廓铣	1）使用区域铣削驱动方法来切削陡峭度大于特定陡峭壁角度的区域的固定轴曲面轮廓铣工序 2）指定部件几何体。选择面以指定切削区域。编辑驱动方法以指定陡峭壁角度和切削模式 3）在 CONTOUR_AREA 后使用，通过将陡峭区域中往复切削进行十字交叉来减少残余高度
7		FLOWCUT_SINGLE	单刀路清根	1）通过清根驱动方法使用单刀路精加工或修整拐角和凹部的固定轴曲面轮廓铣 2）指定部件几何体。根据需要指定切削区域 3）用于移除精加工前拐角处的余料
8		FLOWCUT_MULTIPLE	多刀路清根	1）通过清根驱动方法使用多刀路精加工或修整拐角和凹部的固定轴曲面轮廓铣 2）指定部件几何体。根据需要指定切削区域和切削模式 3）用于移除精加工前后拐角处的余料

（续）

序号	图标	英文名称	中文名称	功能说明
9		FLOWCUT_REF_TOOL	清根参考刀具	1）使用清根驱动方法在指定参考刀具确定的切削区域中创建多刀路 2）指定部件几何体。根据要选择面以指定切削区域。编辑驱动方法以指定切削模式和参考刀具 3）用于移除由于之前刀具直径和拐角半径的原因而处理不到的拐角中的材料
10		SOLID_PROFILE_3D	实体轮廓 3D	1）沿着选定直壁的轮廓边描绘轮廓 2）指定部件和壁几何体 3）用于精加工 3D 轮廓边，如在修边模上出现的直壁
11		PROFILE_3D	轮廓 3D	1）使用部件边界描绘 3D 边或曲线的轮廓 2）选择 3D 边以指定平面上的部件边界 3）用于线框模型
12		CONTOUR_TEXT	轮廓文本	1）轮廓曲面上的机床文本 2）指定部件几何体。选择制图文本作为定义刀路的几何体 3）编辑文本深度来确定切削深度。文本将投影到沿固定刀轴的部件上 4）用于加工简单文本，如标识号
13		MILL_USER	铣削用户	1）用户定义铣 2）需要定制 NX Open 程序以生成刀路的特殊工序
14		MILL_CONTROL	铣削控制	1）仅包含机床控制用户定义事件 2）生成后处理命令并将信息直接提供给后处理器 3）用于加工功能，如开关切削液以及显示操作员消息

1.7　点位加工

在点位加工这一工序类型中共有 14 种工序子类型，如图 1-6 所示。各工序子类型的功能见表 1-4。

图1-6　点位加工工序子类型

表1-4　点位加工（drill）工序子类型

序号	图标	英文名称	中文名称	功能说明
1		SPOT_FACING	锪孔	1）切削轮廓曲面上圆形、平整面的点到点钻孔工序 2）选择曲线、边或点以定义孔顶部。选择面、平面或指定ZC值来定义顶部曲面。选择"用圆弧的轴"沿不平行的中心线切削 3）用于创建面以安置螺栓头或垫圈，或者对配对部件进行平齐安装
2		SPOT_DRILLING	定心钻	1）可以对选定的孔几何体手动定心钻孔，也可以使用根据特征类型分组的已识别特征 2）选择孔几何体或使用已识别的孔特征。过程特征的体积确定待除料量 3）推荐用于对选定的孔、孔/凸台几何体组中的孔，或对特征组中先前识别的特征分别定心钻
3		DRILLING	钻孔	1）可以对选定的孔几何体手动钻孔，也可以使用根据特征类型分组的已识别特征 2）选择孔几何体或使用已识别的孔特征。过程特征的体积确定待除料量 3）推荐用于对选定的孔或孔/凸台几何体组中的孔，或者对某个特征组中先前识别的特征分别进行钻孔

（续）

序号	图标	英文名称	中文名称	功能说明
4		PECK_DRILLING	啄钻	1）送入增量深度以进行断屑后从孔完全退刀的点到点钻孔工序 2）几何需求和刀轴规范与基础钻孔的相同 3）用于钻深孔
5		BREAKCHIP_DRILLING	断屑钻	1）送入增量深度以进行断屑后轻微退刀的点到点钻孔工序 2）几何需求和刀轴规范与基础钻孔的相同 3）用于钻深孔
6		BORING	镗孔	1）执行镗孔循环的点到点钻孔工序，镗孔循环根据编程进刀设置送入至深度，然后从孔退刀 2）几何需求和刀轴规范与基础钻孔的相同 3）用于扩大已预钻的孔
7		REAMING	铰	1）使用铰刀持续对部件进行进刀/退刀的点到点钻孔工序 2）几何需求和刀轴规范与基础钻孔相同 3）增加预钻孔大小和精加工的准确度
8		COUNTERBORING	沉头孔加工	1）切削平整面以扩大现有孔顶部的点到点钻孔工序 2）几何需求和刀轴规范与基础钻孔的相同 3）建议创建面以安置螺栓头或垫圈，或者对配对部件进行平齐安装

（续）

序号	图标	英文名称	中文名称	功能说明
9		COUNTERSINK ING	钻埋头孔	1）可以对选定的孔几何体手动钻埋头孔，也可以使用根据特征类型分组的已识别的特征 2）选择孔几何体或使用已识别的孔特征。通过过程特征的体积确定待除料量 3）用于对选定的孔或孔/凸台几何体组中的孔，或者对某个特征组中先前识别的特征分别进行埋头钻孔
10		TAPPING	攻螺纹	1）可以对选定的孔几何体手动攻螺纹，也可以使用根据特征类型分组的已识别特征 2）选择孔几何体或使用已识别的孔特征。通过过程特征的体积确定待除料量 3）用于对选定的孔、孔/凸台几何体组中的孔，或对特征组中先前识别的特征分别攻螺纹
11		HOLE_MILLING	孔铣	1）使用平面螺旋和/或螺旋切削模式来加工不通孔和通孔 2）选择孔几何体或使用已识别的孔特征。通过过程特征的体积确定待除料量 3）用于加工太大而无法钻削的孔
12		THREAD_MILLING	螺纹铣	1）加工孔内螺纹 2）螺纹参数和几何体信息可以从几何体、螺纹特征或刀具派生，也可以明确指定。刀具的牙型和螺距必须匹配工序中指定的牙型和螺距。选择孔几何体或使用已识别的孔特征 3）用于切削太大而无法攻螺纹的螺纹

（续）

序号	图标	英文名称	中文名称	功能说明
13		MILL_CONTROL	铣削控制	1）仅包含机床控制用户定义事件 2）生成后处理命令并将信息直接提供给后处理器 3）用于加工功能，如开关切削液以及显示操作员消息
14		MILL_USER	铣削用户	1）用户定义铣 2）需要定制 NX Open 程序以生成刀路的特殊工序

1.8　可变轴曲面轮廓铣

在可变轴曲面轮廓铣这一工序类型中共有 11 种工序子类型，如图 1-7 所示。各工序子类型的功能见表 1-5。

图 1-7　可变轴曲面轮廓铣工序子类型

表 1-5　可变轴曲面轮廓铣（mill_multi_axis）工序子类型

序号	图标	英文名称	中文名称	功能说明
1		VARIABLE_CONTOUR	可变轮廓铣	1）用于对具有各种驱动方法、空间范围、切削模式和刀轴的部件或切削区域进行轮廓铣的基础可变轴曲面轮廓铣 2）指定部件几何体。指定驱动方法。指定合适的可变刀轴 3）用于轮廓曲面的可变轴精加工
2		VARIABLE_STREAMLINE	可变流线铣	1）使用流曲线和交叉曲线来引导切削模式并遵照驱动几何体形状的可变轴曲面轮廓铣工序 2）指定部件几何体和切削区域。编辑驱动方法来选择一组流曲线和交叉曲线以引导和包含路径。指定切削模式 3）用于精加工复杂形状，尤其是要控制光顺切削模式的流和方向

（续）

序号	图标	英文名称	中文名称	功能说明
3		CONTOUR_PROFILE	外形轮廓铣	1）使用外形轮廓铣驱动方法以切削刃侧面对斜壁进行轮廓加工的可变轴曲面轮廓铣工序 2）指定部件几何体。指定底面几何体。如果需要，编辑驱动方法以指定其他设置 3）推荐用于斜壁的精加工
4		FIXED_CONTOUR	固定轮廓铣	1）用于对具有各种驱动方法、空间范围和切削模式的部件或切削区域进行轮廓铣的基础固定轴曲面轮廓铣工序 2）根据需要指定部件几何体和切削区域。选择并编辑驱动方法来指定驱动几何体和切削模式 3）用于精加工轮廓形状
5		ZLEVEL_5AXIS	深度五轴铣	1）深度铣工序，侧倾刀轴以远离部件几何体，避免在使用短球头铣刀时与刀柄/夹持器碰撞 2）指定部件几何体。指定切削区域以确定要进行轮廓加工的面。指定切削层以确定轮廓加工刀路的间距。指定刀具侧倾角和方向 3）用于半精加工和精加工轮廓铣的形状，如无底切的注塑模、凹模、铸造和锻造
6		SEQUENTIAL_MILL	顺序铣	1）使用三、四或五轴刀具移动连续加工一系列曲面或曲线，选择部件、驱动并检查面以确定每个连续的刀具移动 2）用于在需要高度刀具和刀路控制时进行精加工
7		TUBE_ROUGH	管粗加工	1）管粗加工工序使用管粗加工驱动方法，仅适用于球面铣刀或球头铣刀 2）指定部件几何体。指定切削区域几何体。指定中心曲线 3）指定刀轴、管粗加工驱动设置和切削参数 4）推荐粗加工内部管类型曲面

（续）

序号	图标	英文名称	中文名称	功能说明
8		TUBE_FINISH	管精加工	1）管精加工工序使用管精加工驱动方法，仅适用于球面铣刀或球头铣刀 2）指定部件几何体。指定切削区域几何体。指定中心曲线 3）指定刀轴、管精加工驱动设置和切削参数 4）精加工内部管类型曲面
9		GENERIC_MOTION	一般运动	1）使用单独用户定义的运动和事件创建刀路 2）通过将刀具移动到每个子工序所要求的准确位置和方位来创建自己的刀路 3）还可用于定位控制复杂的多轴机床切削工序之间的移动
10		MILL_USER	铣削用户	1）用户定义铣 2）需要定制 NX Open 程序以生成刀路的特殊工序
11		MILL_CONTROL	铣削控制	1）仅包含机床控制用户定义事件 2）生成后处理命令并将信息直接提供给后处理器 3）用于加工功能，如开关切削液以及显示操作员消息

1.9 多叶片铣

多叶片铣是可变轴曲面轮廓铣分化出来的一个特别的工序，专门用来加工叶轮类的零件。在多叶片铣（mill_multi_blade）这一工序类型中共有 7 种工序子类型，如图 1-8 所示。各工序子类型的功能见表 1-6。

图 1-8　多叶片铣工序子类型

表 1-6 多叶片铣（mill_multi_blade）工序子类型

序号	图标	英文名称	中文名称	功能说明
1		MULTI_BLADE_ROUGH	多叶片粗铣	 1）使用轮毂和包覆间的切削层移除叶片和分流叶片之间材料的多轴铣削工序 2）部件几何体定义于 WORKPIECE 几何体父级。指定轮毂、包覆、叶片、叶根圆角和分流叶片几何体。编辑驱动方法来指定切削模式 3）用于在涡轮机部件的叶片和分流叶片之间进行粗加工
2		HUB_FINISH	轮毂精加工	 1）对叶片进行精加工的多轴工序 2）部件几何体定义于 WORKPIECE 几何体父级。指定轮毂、叶片、叶根圆角和分流叶片几何体。编辑驱动方法以指定切削模式 3）用于精加工涡轮机部件上的叶片
3		BLADE_FINISH	叶片精加工	 1）在多个切削层中对叶片和分流叶片进行精加工的多轴工序 2）部件几何体定义于 WORKPIECE 几何体父级。指定轮毂、叶片、叶根圆角和分流叶片几何体。编辑驱动方法以指定切削模式 3）用于对涡轮机部件上的叶片和分流叶片进行精加工
4		BLEND_FINISH	圆角精铣	 1）对多刀路叶片和分流叶片圆角进行精加工的多轴工序 2）部件几何体定义于 WORKPIECE 几何体父级。指定轮毂、叶片、叶根圆角和分流叶片几何体。编辑驱动方法以指定切削模式 3）用于对已使用较大型刀具完成粗加工的叶片和分流叶片进行精加工

（续）

序号	图标	英文名称	中文名称	功能说明
5		GENERIC_MOTION	一般运动	1）使用单独用户定义的运动和事件创建刀路 2）通过将刀具移动到每个子工序所要求的准确位置和方位来创建自己的刀路 3）用于定位控制复杂的多轴机床切削工序之间的移动
6		MILL_USER	铣削用户	1）用户定义铣 2）需要定制 NX Open 程序以生成刀路的特殊工序
7		MILL_CONTROL	铣削控制	1）仅包含机床控制用户定义事件 2）生成后处理命令并将信息直接提供给后处理器 3）用于加工功能，如开关切削液以及显示操作员消息

第 **2** 章

平面零件的加工

2.1 实例 1：方形凹模的加工

平面零件是直壁平底零件，粗加工和精加工都可以选择平面铣，且可用平底刀进行加工。方形凹模是一个非常简单的平面零件，通过该实例的学习可掌握平面零件粗、精加工的基本方法，一般先进行平面铣粗加工，然后进行底面精加工，最后进行侧壁精加工。

2.1.1 打开源文件

打开源文件 exa2_1.prt，结果如图 2-1 所示。

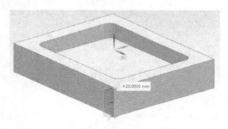

图 2-1　方形凹模

2.1.2 部件分析

利用"分析"—"测量距离"命令可以测量部件长、宽、高尺寸分别为 100mm、80mm、20mm，凹模深度及其他尺寸同样可以测量，利用"分析"—"局部半径"命令可以测量圆角半径为 R5mm。

2.1.3 绘制毛坯

毛坯六个面可以先在普通机床（铣床或磨床）上加工好，然后在数控铣床上进行凹模型腔的加工，所以毛坯侧面和底面余量可以为零，顶面留有合适余量即可。基于以上考虑，毛坯尺寸确定为 100mm×80mm×21mm。

选择"应用模块"—"建模",进入建模模块;选择"菜单"—"插入"—"设计特征"—"长方体",系统弹出"长方体"对话框,按图 2-2 所示设置参数。

选择部件底面两对角点,如图 2-3 所示,单击"长方体"对话框的"确定"按钮,完成毛坯的绘制。

选择毛坯几何体,选择"菜单"—"编辑"—"对象显示",系统弹出"编辑对象显示"对话框,如图 2-4 所示将毛坯"透明度"设为 60,单击"确定"按钮,将毛坯半透明显示。

图 2-2 "长方体"对话框

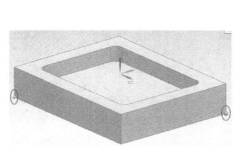
图 2-3 选择部件底面两对角点

图 2-4 "编辑对象显示"对话框

在"部件导航器"中,选择部件,单击右键,在弹出的快捷菜单中单击"隐藏"命令,即可隐藏部件仅显示毛坯。按"Ctrl+Shift+B"键,可以交替显示和隐藏的对象(原来隐藏的对象会显示,原来显示的对象会隐藏),以方便选择。

2.1.4 移动 WCS(工作坐标系)的原点

如图 2-5 所示,选择"菜单"—"格式"—"WCS"—"原点"命令,系统弹出"点"对话框,按图 2-6 所示设置参数。

选择毛坯上表面两对角点,如图 2-7 所示,单击"点"对话框的"确定"按钮,将 WCS(工作坐标系)的原点指定为毛坯上表面中心。

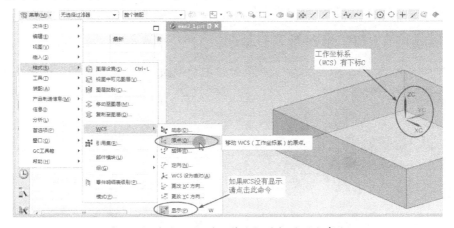
图 2-5 移动 WCS(工作坐标系)的原点命令

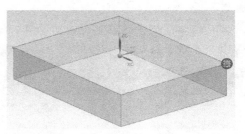

图 2-6　"点"对话框　　　　　　图 2-7　选择毛坯上表面两对角点

2.1.5　加工环境配置

选择"应用模块"—"加工"，进入加工模块，系统弹出"加工环境"对话框，如图 2-8 所示设置；单击"确定"按钮，完成加工环境的配置。

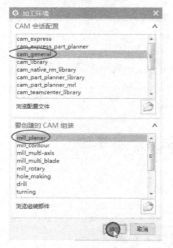

图 2-8　加工环境配置

2.1.6　移动 MCS（加工坐标系）的原点

如图 2-9 所示，在"工序导航器-几何"对话框中双击 MCS_MILL，系统弹出"MCS 铣削"对话框，如图 2-10 所示。

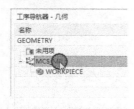

图 2-9　"工序导航器-几何"对话框　　　图 2-10　"MCS 铣削"对话框

单击"坐标系对话框"按钮 ，系统弹出"坐标系"对话框，如图 2-11 所示设置，两次单击"确定"按钮，完成加工坐标系原点的指定，结果如图 2-12 所示。

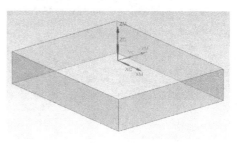

图 2-11　"坐标系"对话框　　　　　图 2-12　MCS 与 WCS 原点重合

2.1.7　指定部件、毛坯几何体

如图 2-13 所示，在"工序导航器-几何"对话框中双击 WORKPIECE，系统弹出"工件"对话框，如图 2-14 所示，单击"指定毛坯"按钮 ，选择毛坯，单击"确定"按钮；单击"指定部件"按钮 ，选择部件（可按"Ctrl+Shift+B"键交替显示）；两次单击"确定"按钮，完成部件、毛坯几何体的指定。

图 2-13　"工序导航器-几何"对话框　　　　图 2-14　"工件"对话框

2.1.8　创建铣边界几何体

单击  按钮，系统弹出"创建几何体"对话框，如图 2-15 所示设置。单击"确定"按钮，系统弹出"铣削边界"对话框，如图 2-16 所示。

图 2-15　"创建几何体"对话框　　　　图 2-16　"铣削边界"对话框

单击"指定部件边界"按钮🔲，系统弹出"部件边界"对话框，如图 2-17 所示。

选择第一个水平面，如图 2-18 所示，单击"部件边界"对话框的"添加新集"按钮➕（或中键），再选择第二个水平面，单击"部件边界"对话框的"确定"按钮，完成部件边界的选择。

图 2-17 "部件边界"对话框

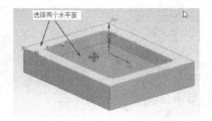

图 2-18 指定部件边界

单击"指定底面"按钮🔲，系统弹出"平面"对话框，如图 2-19 所示。选择底面，如图 2-20 所示，单击"确定"按钮，完成底面的指定。

图 2-19 "平面"对话框

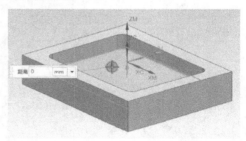

图 2-20 指定底面

按"Ctrl+Shift+B"键显示毛坯隐藏部件，单击"指定毛坯边界"按钮🔲，系统弹出"毛坯边界"对话框，如图 2-21 所示。

选择毛坯上表面，如图 2-22 所示，两次单击"确定"按钮，完成铣削边界的指定。

图 2-21 "毛坯边界"对话框

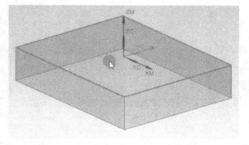

图 2-22 选择毛坯上表面

2.1.9 创建刀具

按"Ctrl+Shift+B"键显示部件隐藏毛坯，工序导航器切换到机床视图，单击🔲按钮，系统弹出"创建刀具"对话框，如图 2-23 所示设置。单击"确定"按钮，系统弹出"铣刀-5 参数"对话框，如图 2-24 所示设置刀具参数。单击"确定"按钮，完成平底刀 D8R0 的创建。

图 2-23 "创建刀具"对话框

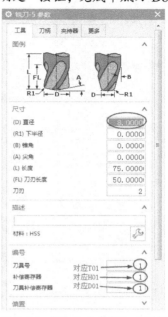

图 2-24 "铣刀-5 参数"对话框

2.1.10 创建平面铣粗加工工序

单击 按钮，系统弹出"创建工序"对话框，选择基本平面铣工序子类型，如图 2-25 所示设置参数。单击"确定"按钮，系统弹出"平面铣"对话框，如图 2-26 所示。

图 2-25 "创建工序"对话框

图 2-26 "平面铣"对话框

单击"切削层"按钮，系统弹出"切削层"对话框，如图 2-27 所示设置，单击"确定"

按钮，完成切削层的设置。

单击"切削参数"按钮，系统弹出"切削参数"对话框，如图2-28所示设置，单击"确定"按钮，完成切削参数的设置。

图2-27 "切削层"对话框　　　　　图2-28 "切削参数"对话框

单击"非切削移动"按钮，系统弹出"非切削移动"对话框，如图2-29所示设置，单击"确定"按钮，完成非切削移动的设置。

单击"进给率和速度"按钮，系统弹出"进给率和速度"对话框，如图2-30所示设置，单击"确定"按钮，完成进给率和速度的设置。

图2-29 "非切削移动"对话框　　　　图2-30 "进给率和速度"对话框

单击"平面铣"对话框中的"生成"按钮，系统生成刀具轨迹，如图2-31所示。

单击"确认"按钮，系统弹出图2-32所示的"刀轨可视化"对话框，选择 3D 动态，单击"播放"按钮，仿真结果如图2-33所示。

单击"刀轨可视化"对话框中的 分析 按钮，单击各加工面，可测量其加工余量，如图 2-34 所示；三次单击"确定"按钮，完成平面铣粗加工工序的创建。

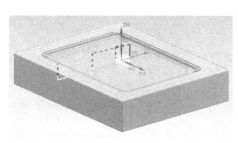

图 2-31 生成刀具轨迹

图 2-32 "刀轨可视化"对话框

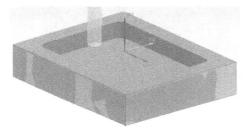

图 2-33 仿真结果

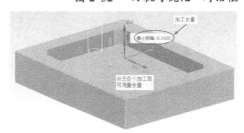

图 2-34 余量分析

2.1.11 创建底面精加工工序

单击 按钮，系统弹出"创建工序"对话框，选择精铣底面工序子类型 ，如图 2-35 所示设置参数；单击"确定"按钮，系统弹出"精铣底面"对话框，如图 2-36 所示设置。

图 2-35 "创建工序"对话框

图 2-36 "精铣底面"对话框

单击"切削层"按钮▤，系统弹出"切削层"对话框，如图2-37所示设置，单击"确定"按钮，完成切削层的设置。

单击"切削参数"按钮▦，系统弹出"切削参数"对话框，单击"余量"选项卡，如图2-38所示设置；单击"空间范围"选项卡，如图2-39所示设置可避免空刀，单击"确定"按钮，完成切削参数的设置。

单击"非切削移动"按钮▨，系统弹出"非切削移动"对话框，如图2-40所示设置，单击"确定"按钮，完成非切削移动的设置。

图2-38　余量设置

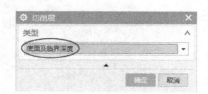

图2-37　"切削层"对话框

图2-39　"空间范围"选项卡

图2-40　"非切削移动"对话框

单击"进给率和速度"按钮⬛，系统弹出"进给率和速度"对话框，如图2-41所示设置，单击"确定"按钮，完成进给率和速度的设置。

单击"精铣底面"对话框中的"生成"按钮▸，系统生成刀具轨迹，如图2-42所示。

单击"确认"按钮⬛，系统弹出图2-43所示的"刀轨可视化"对话框，选择 3D 动态，单击"播放"按钮▶，仿真完成后单击"刀轨可视化"对话框的 分析 按钮，然后单击各加工面，测量其加工余量，如图2-44所示。三次单击"确定"按钮，完成精铣底面工序的创建。

图 2-41 "进给率和速度"对话框

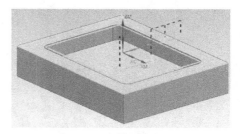

图 2-42 生成刀具轨迹

图 2-43 "刀轨可视化"对话框

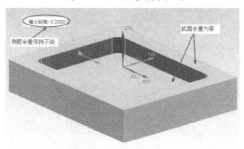

图 2-44 仿真结果分析

2.1.12 创建侧壁精加工工序

单击 ![创建工序]按钮，系统弹出"创建工序"对话框，选择精铣壁工序子类型 ，如图 2-45 所示设置参数，单击"确定"按钮，系统弹出"精铣壁"对话框，如图 2-46 所示。

图 2-45 "创建工序"对话框

图 2-46 "精铣壁"对话框

单击"切削层"按钮🗐，系统弹出"切削层"对话框，如图 2-47 所示设置，单击"确定"按钮，完成切削层的设置。

单击"切削参数"按钮🗐，系统弹出"切削参数"对话框，单击"余量"选项卡，如图 2-48 所示设置，单击"确定"按钮，完成切削参数的设置。

图 2-47 "切削层"对话框

图 2-48 余量设置

单击"非切削移动"按钮🗐，系统弹出"非切削移动"对话框，如图 2-49 所示设置，单击"确定"按钮，完成非切削移动的设置。

单击"进给率和速度"按钮🗐，系统弹出"进给率和速度"对话框，如图 2-50 所示设置，单击"确定"按钮，完成进给率和速度的设置。

图 2-49 "非切削移动"对话框

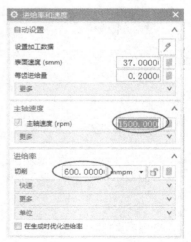

图 2-50 "进给率和速度"对话框

单击"精铣壁"对话框中的"生成"按钮🗐，系统生成刀具轨迹，如图 2-51 所示。

单击"确认"按钮🗐，系统弹出"刀轨可视化"对话框，选择 3D动态，单击"播放"按钮▶，仿真完成后单击"刀轨可视化"对话框的 分析 按钮，单击各加工面，测量其加工余量，如图 2-52 所示。三次单击"确定"按钮，完成精铣壁工序的创建。

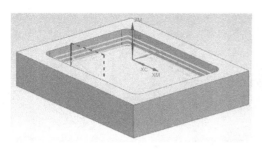

图 2-51　生成刀具轨迹

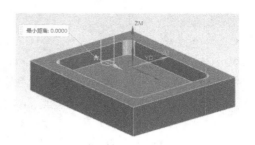

图 2-52　仿真结果分析

2.1.13　后处理

在"工序导航器-程序"对话框中选择 PROGRAM，单击 按钮，系统弹出"后处理"对话框，如图 2-53 所示，通常情况下不要选择系统自带的后处理，请选择定制的专用后处理，后处理结果如图 2-54 所示。

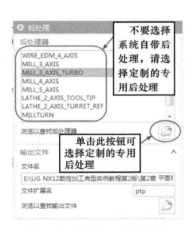

图 2-53　"后处理"对话框

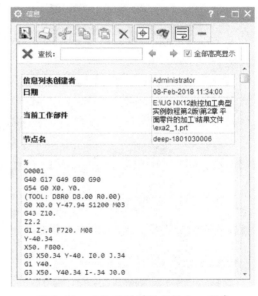

图 2-54　后处理得到的数控加工程序

2.1.14　平面零件加工小结

平面零件加工流程为：

1）打开部件文件。

2）部件分析（如测量尺寸和圆角半径等）。

3）绘制毛坯。

4）配置加工环境（mill_planar）。

5）指定 WCS 和 MCS 原点位置。

6）指定部件、毛坯几何体（仿真加工必需）。

7）创建 MILL_BND 几何体节点组：指定部件边界、毛坯边界、底面等（生成刀具轨迹必需）。

8）创建刀具。

9）创建平面铣粗加工工序。

10）创建底面精加工工序。创建底面精加工工序有 2 种方法：

a）选择"精铣底面"工序子类型 📖 直接创建（"使用 2D IPW"可避免空刀）；

b）复制平面铣粗加工工序，修改切削层类型：底面及临界深度；修改最终底面余量：0。

11）创建侧壁精加工工序。创建侧壁精加工工序有 2 种方法：

a）选择"精铣壁"工序子类型 📖 直接创建；

b）复制平面铣粗加工工序，修改切削模式：轮廓加工；修改部件余量：0；修改最终底面余量：0。

12）仿真加工。

13）后处理（选择定制专用后处理）。

说明：
　　上述创建平面零件加工工序步骤不是一成不变的，如先创建刀具还是先指定部件、毛坯几何体都可以。

2.1.15　练习与思考

1. 请用复制平面铣粗加工工序修改参数的方法创建本实例的底面精加工工序。
2. 请用复制平面铣粗加工工序修改参数的方法创建本实例的侧壁精加工工序。

2.2　实例 2：台阶模具的加工

台阶模具是一个典型的平面零件，看起来形状较复杂，但实际加工方法与方形凹模几乎相同。通过本实例的学习，熟练掌握复杂平面零件粗、精加工方法和平面文本的加工方法。

2.2.1　打开源文件

打开源文件 exa2_2.prt，结果如图 2-55 所示。

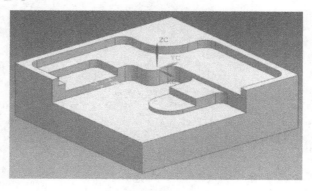

图 2-55　台阶模具

2.2.2　部件分析

利用"分析"—"测量距离"命令可以测量部件长、宽、高尺寸分别为 152.4mm、152.4mm、44.45mm，利用"分析"—"局部半径"命令可以测量最小圆角半径为 R6.35mm。

2.2.3　绘制毛坯

毛坯六个面可以先在普通机床（铣床或磨床）上加工好，然后在数控铣床上进行台阶的加工，所以毛坯侧面和底面余量可以为零，顶面留有合适余量即可。基于以上考虑，毛坯尺寸确定为 152.4mm×152.4mm×45mm。

选择"应用模块"—"建模"，进入建模模块；选择"菜单"—"插入"—"设计特征"—"长方体"，系统弹出"长方体"对话框，如图 2-56 所示设置参数。

选择部件底面两对角点，如图 2-57 所示，单击"长方体"对话框的"确定"按钮，完成毛坯的绘制。

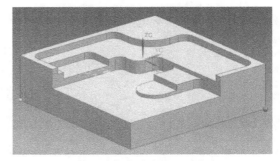

图 2-56　"长方体"对话框　　　　图 2-57　选择部件底面两对角点

选择毛坯几何体，选择"菜单"—"编辑"—"对象显示"，系统弹出"编辑对象显示"对话框，将毛坯"透明度"设为 60，单击"确定"按钮，将毛坯半透明显示。

在"部件导航器"中，选择部件，单击右键，在弹出的快捷菜单中单击"隐藏"命令，隐藏部件仅显示毛坯。

2.2.4　移动 WCS（工作坐标系）的原点

选择"菜单"—"格式"—"WCS"—"原点"命令，移动 WCS（工作坐标系）的原点至毛坯上表面中心，如图 2-58 所示。

图 2-58　移动 WCS（工作坐标系）的原点

2.2.5　加工环境配置

选择"应用模块"—"加工"，进入加工模块，系统弹出"加工环境"对话框，如图 2-59 所示设置，单击"确定"按钮，完成加工环境的配置。

2.2.6　移动 MCS（加工坐标系）的原点

在"工序导航器-几何"对话框中双击 MCS_MILL，系统弹出"MCS 铣削"对话框，单击"坐标系对话框"按钮，系统弹出"坐标系"对话框，如图 2-60 所示设置。两次单击"确定"按钮，完成加工坐标系原点的指定，结果如图 2-61 所示。

图 2-59　加工环境配置　　　图 2-60　"坐标系"对话框　　　图 2-61　MCS 与 WCS 原点重合

2.2.7　指定部件、毛坯几何体

在"工序导航器-几何"对话框中双击 WORKPIECE，系统弹出"工件"对话框，单击"指定毛坯"按钮，选择毛坯，单击"确定"按钮；单击"指定部件"按钮，选择部件（按"Ctrl+Shift+B"键交替显示）；两次单击"确定"按钮，完成部件、毛坯几何体的指定。

2.2.8　创建铣边界几何体

单击 按钮，系统弹出"创建几何体"对话框，如图 2-62 所示设置，单击"确定"按钮，系统弹出"铣削边界"对话框，如图 2-63 所示。

单击"指定部件边界"按钮，系统弹出"部件边界"对话框，如图 2-64 所示。

选择第一个水平面，如图 2-65 所示，单击"部件边界"对话框"添加新集"按钮，选择第二个水平面，单击"添加新集"按钮，选择第三个水平面，依此类推直至选择完全部 6 个水平面，单击"部件边界"对话框"确定"按钮，完成部件边界的指定。

图 2-62 "创建几何体"对话框

图 2-63 "铣削边界"对话框

图 2-64 "部件边界"对话框

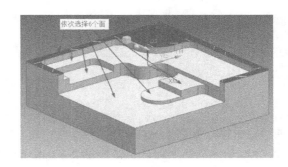

图 2-65 指定部件边界

单击"指定底面"按钮 🖳，系统弹出"平面"对话框，选择图 2-66 所示底面，单击"确定"按钮，完成底面的指定。

按"Ctrl+Shift+B"键隐藏部件显示毛坯，单击"指定毛坯边界"按钮 ⬢，系统弹出"毛坯边界"对话框，选择图 2-67 所示毛坯上表面，两次单击"确定"按钮，完成铣削边界的指定。

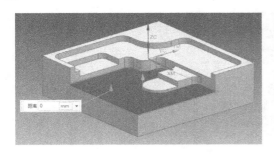

图 2-66 指定底面

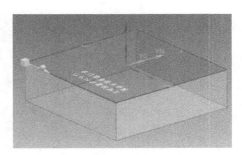

图 2-67 选择毛坯上表面

2.2.9　创建刀具

按"Ctrl+Shift+B"键隐藏毛坯显示部件，工序导航器切换到机床视图，单击 按钮，系统弹出"创建刀具"对话框，如图 2-68 所示设置，单击"确定"按钮，系统弹出"铣刀-5 参数"对话框，如图 2-69 所示设置刀具参数，单击"确定"按钮，完成平底刀 D10R0 的创建。

图 2-68　"创建刀具"对话框

图 2-69　"铣刀-5 参数"对话框

单击 按钮，系统弹出"创建刀具"对话框，如图 2-70 所示设置，单击"确定"按钮，系统弹出"铣刀-球头铣"对话框，如图 2-71 所示设置刀具参数，单击"确定"按钮，完成球刀 BALL0.5 的创建。

图 2-70　"创建刀具"对话框

图 2-71　"铣刀-球头铣"对话框

2.2.10　创建平面铣粗加工工序

单击  按钮，系统弹出"创建工序"对话框，选择基本平面铣工序子类型，如图 2-72 所示设置参数，单击"确定"按钮，系统弹出"平面铣"对话框，如图 2-73 所示。

图 2-72　"创建工序"对话框

图 2-73　"平面铣"对话框

单击"切削层"按钮，系统弹出"切削层"对话框，如图 2-74 所示设置，单击"确定"按钮，完成切削层的设置。

单击"切削参数"按钮，系统弹出"切削参数"对话框，如图 2-75 所示设置，单击"确定"按钮，完成切削参数的设置。

图 2-74　"切削层"对话框

图 2-75　"切削参数"对话框

单击"非切削移动"按钮，系统弹出"非切削移动"对话框，如图2-76所示设置，单击"确定"按钮，完成非切削移动的设置。

单击"进给率和速度"按钮，系统弹出"进给率和速度"对话框，如图2-77所示设置，单击"确定"按钮，完成进给率和速度的设置。

图2-76 "非切削移动"对话框   图2-77 "进给率和速度"对话框

单击"平面铣"对话框中的"生成"按钮，系统生成刀具轨迹，如图2-78所示。

单击"确认"按钮，系统弹出"刀轨可视化"对话框，选择 3D 动态，单击"播放"按钮，仿真结束后单击"刀轨可视化"对话框的 分析 按钮，然后单击各加工面，可测量底面和侧壁余量，如图2-79所示；三次单击"确定"按钮，完成平面铣粗加工工序的创建。

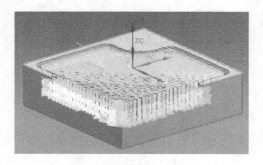

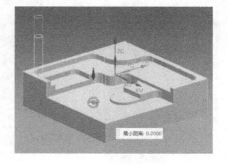

图2-78 生成刀具轨迹   图2-79 仿真结果分析

2.2.11 创建底面精加工工序

单击 按钮，系统弹出"创建工序"对话框，选择精铣底面工序子类型，如图2-80所示设置参数，单击"确定"按钮，系统弹出"精铣底面"对话框，如图2-81所示设置。

图 2-80 "创建工序"对话框

图 2-81 "精铣底面"对话框

单击"切削层"按钮▤，系统弹出"切削层"对话框，如图 2-82 所示设置，单击"确定"按钮，完成切削层的设置。

单击"切削参数"按钮▦，系统弹出"切削参数"对话框，单击"余量"选项卡，如图 2-83 所示设置，单击"确定"按钮，完成切削参数的设置。

图 2-82 "切削层"对话框

图 2-83 余量设置

单击"非切削移动"按钮▨，系统弹出"非切削移动"对话框，如图 2-84 所示设置，单击"确定"按钮，完成非切削移动的设置。

单击"进给率和速度"按钮▧，系统弹出"进给率和速度"对话框，如图 2-85 所示设置，单击"确定"按钮，完成进给率和速度的设置。

图 2-84 "非切削移动"对话框　　　　图 2-85 "进给率和速度"对话框

单击"精铣底面"对话框中的"生成"按钮，系统生成刀具轨迹，如图 2-86 所示。

单击"确认"按钮，系统弹出"刀轨可视化"对话框，选择 3D 动态，单击"播放"按钮，仿真完成后单击"刀轨可视化"对话框的 分析 按钮，然后单击各加工面，测量其加工余量，如图 2-87 所示。三次单击"确定"按钮，完成精铣底面工序的创建。

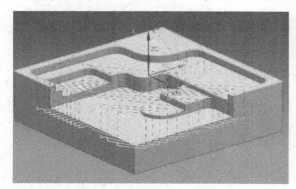

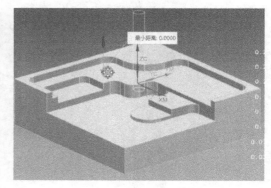

图 2-86 生成刀具轨迹　　　　图 2-87 仿真结果分析

2.2.12 创建侧壁精加工工序

单击 按钮，系统弹出"创建工序"对话框，选择精铣壁工序子类型，如图 2-88 所示设置参数，单击"确定"按钮，系统弹出"精铣壁"对话框，如图 2-89 所示。

单击"切削层"按钮，系统弹出"切削层"对话框，如图 2-90 所示设置，单击"确定"按钮，完成切削层的设置。

单击"切削参数"按钮，系统弹出"切削参数"对话框，单击"余量"选项卡，如图 2-91 所示设置，单击"确定"按钮，完成切削参数的设置。

图 2-88 "创建工序"对话框

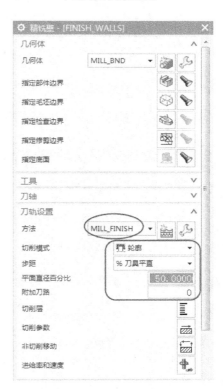

图 2-89 "精铣壁"对话框

图 2-90 "切削层"对话框

图 2-91 余量设置

单击"非切削移动"按钮▣，系统弹出"非切削移动"对话框，如图 2-92 所示设置，单击"确定"按钮，完成非切削移动的设置。

单击"进给率和速度"按钮，系统弹出"进给率和速度"对话框，如图 2-93 所示设置，单击"确定"按钮，完成进给率和速度的设置。

图2-92 "非切削移动"对话框 　　　　图2-93 "进给率和速度"对话框

单击"精铣壁"对话框中的"生成"按钮▶，系统生成刀具轨迹，如图2-94所示。

单击"确认"按钮，系统弹出"刀轨可视化"对话框，选择 3D 动态，单击"播放"按钮▶，仿真完成后单击"刀轨可视化"对话框的 分析 按钮，单击各加工面，测量其加工余量，如图2-95所示。三次单击"确定"按钮，完成精铣壁工序的创建。

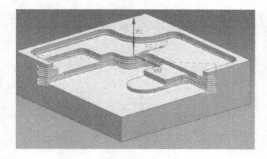

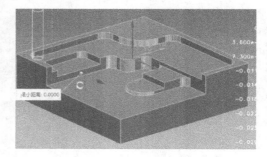

图2-94 生成刀具轨迹 　　　　　　图2-95 仿真结果分析

2.2.13 创建平面文本加工工序

单击 按钮，系统弹出"创建工序"对话框，选择平面文本工序子类型 ，如图2-96所示设置参数，单击"确定"按钮，系统弹出"平面文本"对话框，如图2-97所示。

单击"指定制图文本"按钮 A，系统弹出"文本几何体"对话框，按"Ctrl+Shift+B"键显示毛坯和文本，选择图2-98所示文本，单击"文本几何体"对话框的"确定"按钮，完成制图文本的指定。

按"Ctrl+Shift+B"键隐藏毛坯显示部件，在"平面文本"对话框中单击"指定底面"按

钮 ，系统弹出图 2-99 所示的"平面"对话框，选择图 2-100 所示部件底面，单击"平面"对话框的"确定"按钮，返回"平面文本"对话框，如图 2-101 所示，设置"文本深度"。

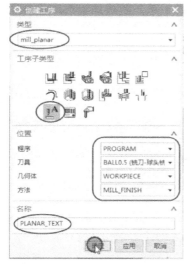

图 2-96 "创建工序"对话框

图 2-97 "平面文本"对话框

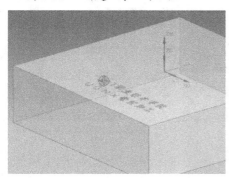

图 2-98 选择文本

图 2-99 "平面"对话框

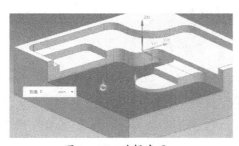

图 2-100 选择底面

图 2-101 "平面文本"对话框

单击"切削参数"按钮，系统弹出"切削参数"对话框，如图2-102所示设置，单击"确定"按钮，完成切削参数的设置。

单击"非切削移动"按钮，系统弹出"非切削移动"对话框，如图2-103所示设置，单击"确定"按钮，完成非切削移动的设置。

图2-102　"切削参数"对话框　　　　图2-103　"非切削移动"对话框

单击"进给率和速度"按钮，系统弹出"进给率和速度"对话框，如图2-104所示设置，单击"确定"按钮，完成进给率和速度的设置。

单击"平面文本"对话框中的"生成"按钮，系统生成刀具轨迹，如图2-105所示。

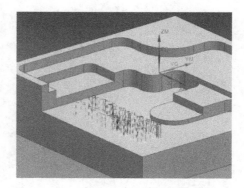

图2-104　"进给率和速度"对话框　　　　图2-105　生成刀具轨迹

单击"确认"按钮，系统弹出"刀轨可视化"对话框，选择 3D 动态，单击"播放"按钮，仿真结束后单击"刀轨可视化"对话框的 分析 按钮，效果如图2-106所示。三次单击"确定"，完成平面文本加工工序的创建。

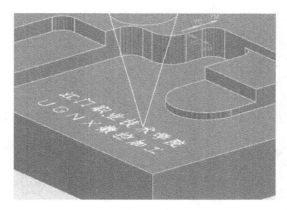

图 2-106　仿真效果

2.2.14　后处理

在"工序导航器-程序"对话框中选择 PROGRAM，单击 按钮，系统弹出"后处理"对话框，如图 2-107 所示，选择定制的专用后处理，后处理结果如图 2-108 所示。

图 2-107　"后处理"对话框

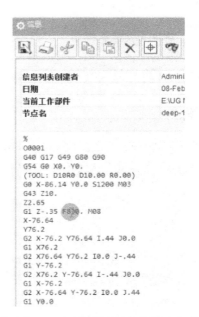

图 2-108　后处理得到的数控加工程序

2.2.15　练习与思考

1. 请完成附带光盘中 exe2_1.prt 部件的平面铣削加工。
2. 请完成附带光盘中 exe2_2.prt 部件的平面铣削加工。

第3章

曲面零件的加工

3.1 实例 1：凹模型腔的加工

轮廓铣包括型腔铣和固定轮廓铣，型腔铣一般用于曲面零件的粗加工以及直壁或斜度不大的侧壁的精加工，固定轮廓铣一般用于曲面零件的精加工。本实例粗加工选择型腔铣，平面部分精加工选择平面铣，曲面部分精加工选择深度轮廓铣。

3.1.1 打开源文件

打开源文件 exa3_1.prt，结果如图 3-1 所示。

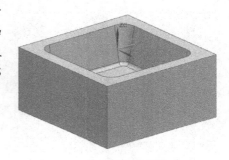

图 3-1 凹模型腔

3.1.2 部件分析

利用"分析"—"测量距离"命令可以测量部件长、宽、高尺寸分别为 100mm、100mm、50mm，型腔深度及其他尺寸同样可以测量，利用"分析"—"局部半径"命令可以测量最小圆角半径为 R3mm。

3.1.3 绘制毛坯

毛坯六个面可以先在普通机床上加工好，然后在数控铣床上进行型腔的加工，所以毛坯侧面和底面余量可以为零，顶面留有合适余量即可。基于以上考虑，毛坯尺寸确定为 100mm×100mm×51mm。

选择"应用模块"—"建模"，进入建模模块；选择"菜单"—"插入"—"设计特征"—"长方体"，系统弹出"长方体"对话框，如图 3-2 所示设置。

选择部件底面两对角点，如图 3-3 所示，单击"长方体"对话框的"确定"按钮，完成毛坯的绘制。

选择毛坯几何体，选择"菜单"—"编辑"—"对象显示"，系统弹出"编辑对象显示"对话框，如图 3-4 所示将毛坯"透明度"设为 60，单击"确定"按钮，将毛坯半透明显示。

在"部件导航器"中，选择部件，右键，单击"隐藏"命令，隐藏部件仅显示毛坯，如图 3-5 所示。

图 3-2 "长方体"对话框

图 3-3 选择部件底面两对角点

图 3-4 "编辑对象显示"对话框

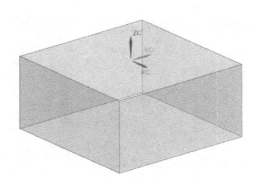

图 3-5 隐藏部件仅显示毛坯

3.1.4 加工环境配置

选择"应用模块"—"加工"，进入加工模块，系统弹出"加工环境"对话框，如图 3-6 所示设置，单击"确定"按钮，完成加工环境配置。

3.1.5 移动 WCS（工作坐标系）的原点

选择"菜单"—"格式"—"WCS"—"原点"命令，系统弹出"点"对话框，如图 3-7 所示设置。

选择毛坯上表面两对角点，如图 3-8 所示，单击"点"对话框的"确定"按钮，将 WCS（工作坐标系）的原点指定为毛坯上表面中心。

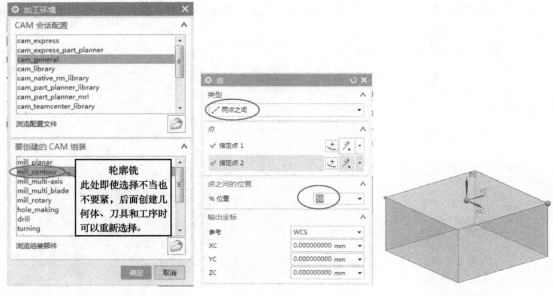

图 3-6 加工环境配置　　　　　图 3-7 "点"对话框　　　　　图 3-8 选择毛坯上表面两对角点

3.1.6 移动 MCS（加工坐标系）的原点

如图 3-9 所示，在"工序导航器-几何"对话框中双击 🚙 MCS_MILL ，系统弹出"MCS 铣削"
对话框，如图 3-10 所示。

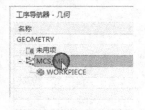

图 3-9 "工序导航器-几何"对话框

图 3-10 "MCS 铣削"对话框

单击"坐标系对话框"按钮🔧，系统弹出"坐标系"对话框，如图 3-11 所示设置。两次
单击"确定"按钮，完成加工坐标系原点的指定，结果如图 3-12 所示。

图 3-11 "坐标系"对话框

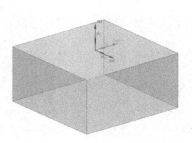

图 3-12 MCS 与 WCS 原点重合

3.1.7　创建刀具

工序导航器切换到机床视图，单击 按钮，系统弹出"创建刀具"对话框，如图 3-13 所示设置，单击"确定"按钮，系统弹出"铣刀-5 参数"对话框，如图 3-14 所示设置刀具参数，单击"确定"按钮，完成平底刀 D10R0 的创建。

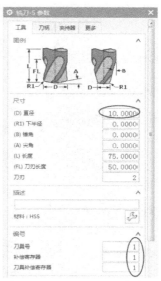

图 3-13　"创建刀具"对话框　　　　　　图 3-14　"铣刀-5 参数"对话框

单击 按钮，系统弹出"创建刀具"对话框，如图 3-15 所示设置，单击"确定"按钮，系统弹出"铣刀-5 参数"对话框，如图 3-16 所示设置刀具参数，单击"确定"按钮，完成球刀 D6R3 的创建。

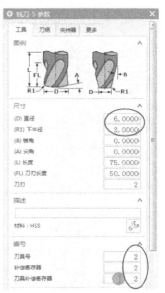

图 3-15　"创建刀具"对话框　　　　　　图 3-16　"铣刀-5 参数"对话框

3.1.8 指定部件、毛坯几何体

如图 3-17 所示，在"工序导航器-几何"对话框中双击 ⬢WORKPIECE，系统弹出"工件"对话框，如图 3-18 所示，单击"指定毛坯"按钮⬡，选择毛坯，单击"确定"按钮；单击"指定部件"按钮⬢，按"Ctrl+Shift+B"键显示部件，选择部件；两次单击"确定"按钮，完成部件、毛坯几何体的指定。

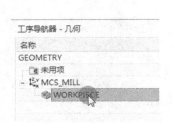

图 3-17 "工序导航器-几何"对话框

图 3-18 "工件"对话框

3.1.9 创建型腔铣粗加工工序

单击 ▶ 按钮，系统弹出"创建工序"对话框，选择基本型腔铣工序子类型，如图 3-19 所示设置参数，单击"确定"按钮，系统弹出"型腔铣"对话框，如图 3-20 所示。

图 3-19 "创建工序"对话框

图 3-20 "型腔铣"对话框

单击"切削层"按钮▤，系统弹出"切削层"对话框，如图 3-21 所示设置，单击"确定"
按钮，关闭"切削层"对话框。

单击"切削参数"按钮▦，系统弹出"切削参数"对话框，如图 3-22 所示设置余量参数；
单击"连接"选项卡，如图 3-23 所示设置；单击"确定"按钮，返回"型腔铣"对话框。

单击"非切削移动"按钮▨，系统弹出"非切削移动"对话框，如图 3-24 所示设置，单
击"确定"按钮，完成非切削移动的设置。

图 3-21 "切削层"对话框

图 3-22 余量设置

图 3-23 "连接"选项卡

图 3-24 "非切削移动"对话框

单击"进给率和速度"按钮💬，系统弹出"进给率和速度"对话框，如图 3-25 所示设置，
单击"确定"按钮，完成进给率和速度的设置。

单击"型腔铣"对话框中的"生成"按钮 ，系统生成刀具轨迹，如图 3-26 所示。

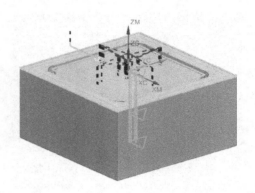

图 3-25 "进给率和速度"对话框

图 3-26 生成刀具轨迹

单击"确认"按钮 ，系统弹出图 3-27 所示"刀轨可视化"对话框，选择 3D 动态，单击"播放"按钮 ，仿真结束后单击"刀轨可视化"对话框的 分析 按钮，然后单击各加工面，可测量其加工余量，如图 3-28 所示。三次单击"确定"按钮，完成型腔铣粗加工工序的创建。

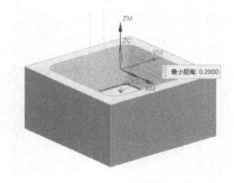

图 3-27 "刀轨可视化"对话框

图 3-28 仿真结果分析

3.1.10 创建平面精加工工序

单击 按钮，系统弹出"创建工序"对话框，选择底壁铣工序子类型 ，如图 3-29 所示设置参数；单击"确定"按钮，系统弹出"底壁铣"对话框，如图 3-30 所示。

单击"指定切削区底面"按钮 ，系统弹出"切削区域"对话框，如图 3-31 所示选择两平面，单击"确定"按钮，完成切削区底面指定，返回"底壁铣"对话框。

单击"切削参数"按钮 ，系统弹出"切削参数"对话框，单击"余量"选项卡，如图 3-32 所示设置；单击"连接"选项卡，如图 3-33 所示设置可避免空刀，单击"确定"

按钮，完成切削参数的设置。

单击"非切削移动"按钮🔲，系统弹出"非切削移动"对话框，如图 3-34 所示设置，单击"确定"按钮，完成非切削移动的设置。

图 3-29 "创建工序"对话框

图 3-30 "底壁铣"对话框

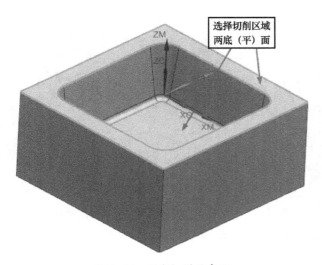

图 3-31 指定切削区底面

图 3-32 余量设置

图 3-33 "连接"选项卡

图 3-34 "非切削移动"对话框

单击"进给率和速度"按钮，系统弹出"进给率和速度"对话框，如图 3-35 所示设置，单击"确定"按钮，完成进给率和速度的设置。

单击"底壁铣"对话框中的"生成"按钮，系统生成刀具轨迹，如图 3-36 所示。

图 3-35 "进给率和速度"对话框

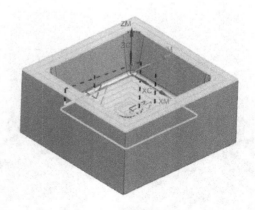

图 3-36 生成刀具轨迹

单击"确认"按钮，系统弹出图 3-37 所示"刀轨可视化"对话框，选择 3D 动态，单击"播放"按钮，仿真完成后单击"刀轨可视化"对话框的 分析 按钮，然后单击各加工面，测量其加工余量，如图 3-38 所示，最后三次单击"确定"按钮，完成平面精加工工序的创建。

图 3-37 "刀轨可视化"对话框

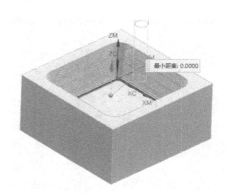

图 3-38 仿真结果分析

3.1.11 创建曲面精加工工序

单击  按钮，系统弹出"创建工序"对话框，选择深度轮廓铣工序子类型 ⌐，如图 3-39 所示设置参数；单击"确定"按钮，系统弹出"深度轮廓铣"对话框，如图 3-40 所示设置。

图 3-39 "创建工序"对话框

图 3-40 "深度轮廓铣"对话框

单击"指定切削区域"按钮 🖾，系统弹出"切削区域"对话框，将部件视角调整为俯视图，窗选切削区域,如图3-41所示,但底面不需要选择;按"Shift"键并单击底面取消,调整部件视角后结果如图3-42所示;单击"切削区域"对话框的"确定"按钮,完成切削区域指定。

图3-41 窗选切削区域

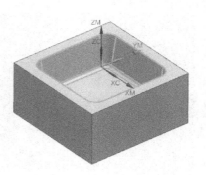

图3-42 指定切削区域

单击"切削层"按钮▤,系统弹出"切削层"对话框,如图3-43所示设置,单击"确定"按钮,返回"深度轮廓铣"对话框。

单击"切削参数"按钮▦,系统弹出"切削参数"对话框,单击"余量"选项卡,如图3-44所示设置;单击"连接"选项卡,如图3-45所示设置;单击"确定"按钮,完成切削参数的设置。

单击"非切削移动"按钮▥,系统弹出"非切削移动"对话框,如图3-46所示设置,单击"确定"按钮,完成非切削移动的设置。

图3-43 "切削层"对话框

图3-44 余量设置

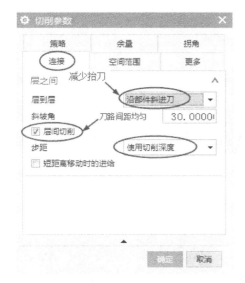

图 3-45 "连接"选项卡

图 3-46 "非切削移动"对话框

单击"进给率和速度"按钮，系统弹出"进给率和速度"对话框，如图 3-47 所示设置，单击"确定"按钮，完成进给率和速度的设置。

单击"深度轮廓铣"对话框中的"生成"按钮，系统生成刀具轨迹，如图 3-48 所示。

图 3-47 "进给率和速度"对话框

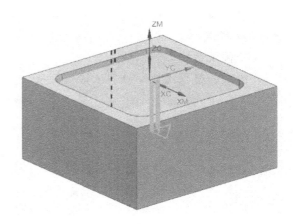

图 3-48 生成刀具轨迹

单击"确认"按钮，系统弹出"刀轨可视化"对话框，选择 3D 动态，单击"播放"按钮，仿真完成后单击"刀轨可视化"对话框的 分析 按钮，然后单击各加工面，测量其加工余量，如图 3-49 所示，最后三次单击"确定"按钮，完成曲面精加工工序的创建。

图 3-49　仿真分析

3.1.12　后处理

在"工序导航器-程序"对话框中选择 📄 PROGRAM，单击 🎛 按钮，系统弹出"后处理"对话框，选择定制的专用后处理，后处理结果如图 3-50 所示。

3.1.13　曲面零件加工小结

曲面零件通常可采用如下方法加工：

1）型腔铣粗加工（用平底刀或刀角半径小的圆鼻刀）。

2）二次开粗（有残料时）。

3）型腔铣或固定轮廓铣半精加工（当粗加工后余量分布不均匀时）。

4）平面铣精加工平面部分。

5）深度轮廓铣或固定轮廓铣精加工曲面部分（用球刀）。

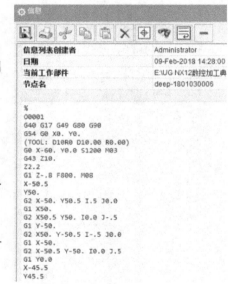

图 3-50　后处理得到的数控加工程序

3.1.14　练习与思考

1. 如何区分平面零件与曲面零件？
2. 比较平面铣和型腔铣的加工特点和适用范围。
3. 请尝试用平面铣的方法创建本实例的粗加工工序。

3.2　实例 2：水壶模具的加工

型腔铣通常用于曲面零件的粗加工、二次开粗或半精加工或侧壁精加工；固定轮廓铣一般用于曲面的半精加工和精加工，其曲面精加工质量优于型腔铣，但因为是三轴联动加工，故对机床性能要求更高。本实例粗加工选择型腔铣，二次开粗选择剩余铣，平面部分精加工选择平面铣，曲面部分精加工选择固定轮廓铣，圆角残料选择清根参考刀具。

3.2.1 打开源文件

打开源文件 exa3_2.prt，结果如图 3-51所示。

3.2.2 部件分析

利用"分析"—"测量距离"命令可以测量部件长、宽、高尺寸分别为 100mm、139mm、30mm，利用"分析"—"局部半径"或"菜单"—"分析"—"最小半径"命令可以测量最小圆角半径为 R2mm。

图 3-51 水壶模具

3.2.3 绘制毛坯

毛坯六个面可以先在普通机床上加工好，然后在数控铣床上进行型腔的加工，所以毛坯侧面和底面余量可以为零，顶面留有合适余量即可。基于以上考虑，毛坯尺寸确定为 100mm×139mm×31mm。

选择"应用模块"—"建模"，进入建模模块；选择"菜单"—"插入"—"设计特征"—"长方体"，系统弹出"长方体"对话框，如图 3-52 所示设置。

选择部件底面两对角点，如图 3-53 所示，单击"长方体"对话框的"确定"按钮，完成毛坯的绘制。

图 3-52 "长方体"对话框

图 3-53 选择部件底面两对角点

选择毛坯几何体，选择"菜单"—"编辑"—"对象显示"，系统弹出"编辑对象显示"

对话框，如图 3-54 所示将毛坯"透明度"设为 60，单击"确定"按钮，将毛坯半透明显示。

在"部件导航器"中，选择部件，单击右键，在弹出的快捷菜单中单击"隐藏"命令，隐藏部件仅显示毛坯，如图 3-55 所示。

图 3-54　"编辑对象显示"对话框

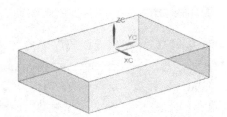

图 3-55　隐藏部件仅显示毛坯

3.2.4　加工环境配置

选择"应用模块"—"加工"，进入加工模块，系统弹出"加工环境"对话框，如图 3-56 所示设置，单击"确定"按钮，完成加工环境的配置。

3.2.5　移动 WCS（工作坐标系）的原点

选择"菜单"—"格式"—"WCS"—"原点"命令，系统弹出"点"对话框，如图 3-57 所示设置。

选择毛坯上表面两对角点，如图 3-58 所示，单击"点"对话框的"确定"按钮，将 WCS（工作坐标系）的原点指定为毛坯上表面中心。

图 3-56　加工环境配置

图 3-57　"点"对话框

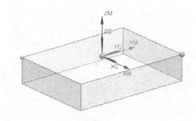

图 3-58　选择毛坯上表面两对角点

3.2.6 移动 MCS（加工坐标系）的原点

如图 3-59 所示，在"工序导航器-几何"对话框中双击 MCS_MILL ，系统弹出"MCS 铣削"对话框，如图 3-60 所示。

图 3-59 "工序导航器-几何"对话框　　　　图 3-60 "MCS 铣削"对话框

单击"坐标系对话框"按钮 ，系统弹出"坐标系"对话框，如图 3-61 所示设置；两次单击"确定"按钮，完成加工坐标系原点的指定，结果如图 3-62 所示。

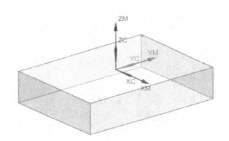

图 3-61 "坐标系"对话框　　　　图 3-62 MCS 与 WCS 原点重合

3.2.7 指定部件、毛坯几何体

如图 3-63 所示，在"工序导航器-几何"对话框中双击 WORKPIECE ，系统弹出"工件"对话框，如图 3-64 所示；单击"指定毛坯"按钮 ，选择毛坯，单击"确定"按钮；单击"指定部件"按钮 ，按"Ctrl+Shift+B"键显示部件，选择部件；两次单击"确定"按钮，完成部件、毛坯几何体的指定。

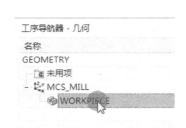

图 3-63 "工序导航器-几何"对话框　　　　图 3-64 "工件"对话框

3.2.8　创建刀具

工序导航器切换到机床视图，单击 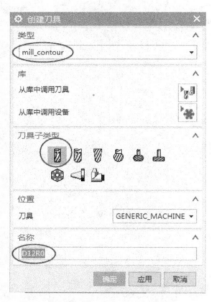 按钮，系统弹出"创建刀具"对话框，如图 3-65 所示设置；单击"确定"按钮，系统弹出"铣刀-5 参数"对话框，如图 3-66 所示设置刀具参数；单击"确定"按钮，完成平底刀 D12R0 的创建。

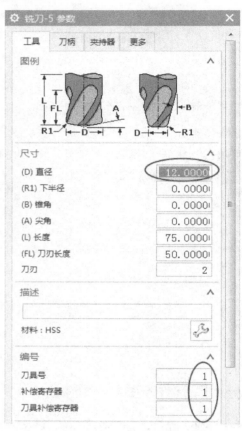

图 3-65　"创建刀具"对话框 1　　　　　图 3-66　"铣刀-5 参数"对话框 1

工序导航器切换到机床视图，单击 按钮，系统弹出"创建刀具"对话框，如图 3-67 所示设置；单击"确定"按钮，系统弹出"铣刀-5 参数"对话框，如图 3-68 所示设置刀具参数；单击"确定"按钮，完成平底刀 D8R0 的创建。

单击 按钮，系统弹出"创建刀具"对话框，如图 3-69 所示设置；单击"确定"按钮，系统弹出"铣刀-5 参数"对话框，如图 3-70 所示设置刀具参数；单击"确定"按钮，完成球刀 D6R3 的创建。

单击 按钮，系统弹出"创建刀具"对话框，如图 3-71 所示设置；单击"确定"按钮，系统弹出"铣刀-5 参数"对话框，如图 3-72 所示设置刀具参数；单击"确定"按钮，完成球刀 D4R2 的创建。

图 3-67　"创建刀具"对话框 2

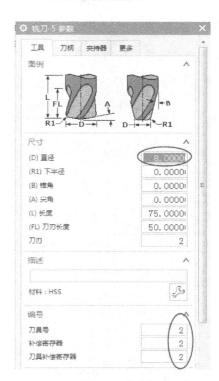

图 3-68　"铣刀-5 参数"对话框 2

图 3-69　"创建刀具"对话框 3

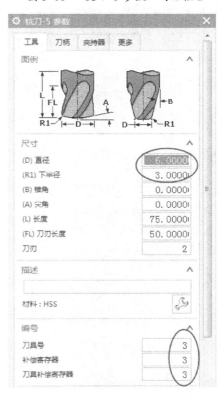

图 3-70　"铣刀-5 参数"对话框 3

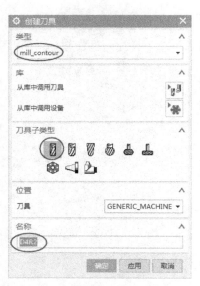

图 3-71 "创建刀具"对话框 4

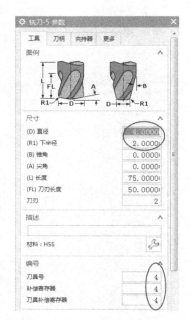

图 3-72 "铣刀-5 参数"对话框 4

3.2.9 创建型腔铣粗加工工序

单击 按钮，系统弹出"创建工序"对话框，选择基本型腔铣工序子类型，如图 3-73 所示设置参数；单击"确定"按钮，系统弹出"型腔铣"对话框，如图 3-74 所示。

图 3-73 "创建工序"对话框

图 3-74 "型腔铣"对话框

单击"切削层"按钮，系统弹出"切削层"对话框，如图 3-75 所示设置，单击"确定"按钮，关闭"切削层"对话框。

单击"切削参数"按钮，系统弹出"切削参数"对话框，如图 3-76 所示设置余量参数；单击"连接"选项卡，如图 3-77 所示设置；单击"确定"按钮，返回"型腔铣"对话框。

单击"非切削移动"按钮，系统弹出"非切削移动"对话框，如图 3-78 所示设置；单击"确定"按钮，完成非切削移动的设置。

图 3-75 "切削层"对话框

图 3-76 余量设置

图 3-77 "连接"选项卡

图 3-78 "非切削移动"对话框

单击"进给率和速度"按钮 🔁，系统弹出"进给率和速度"对话框，如图 3-79 所示设置，单击"确定"按钮，完成进给率和速度的设置。

单击"型腔铣"对话框中的"生成"按钮 🔁，系统生成刀具轨迹，如图 3-80 所示。

图 3-79 "进给率和速度"对话框

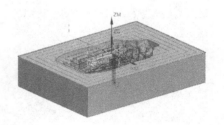

图 3-80 生成刀具轨迹

单击"确认"按钮 🔁，系统弹出图 3-81 所示"刀轨可视化"对话框，选择 3D 动态，单击"播放"按钮 ▶，仿真结束后单击"刀轨可视化"对话框的 分析 按钮，如图 3-82 所示，然后单击各加工面，测量其加工余量，发现存在较大的残料，需要二次开粗或半精加工，最后三次单击"确定"按钮，完成型腔铣粗加工工序的创建。

图 3-81 "刀轨可视化"对话框

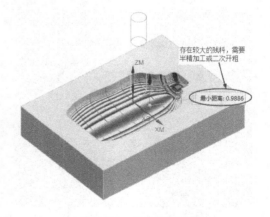

图 3-82 仿真结果分析

3.2.10 创建剩余铣二次粗加工工序

单击 🔁 按钮，系统弹出"创建工序"对话框，选择剩余铣工序子类型 🔁，如图 3-83 所示设置参数；单击"确定"按钮，系统弹出"剩余铣"对话框，如图 3-84 所示。

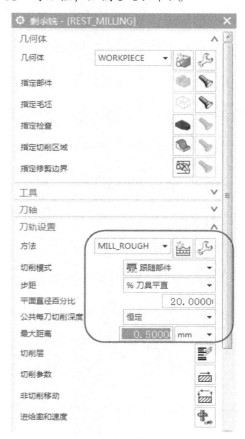

图 3-83 "创建工序"对话框　　　　　图 3-84 "剩余铣"对话框

单击"切削层"按钮▤，系统弹出"切削层"对话框，如图 3-85 所示，单击"确定"按钮，关闭"切削层"对话框。

单击"切削参数"按钮▦，系统弹出"切削参数"对话框，单击"余量"选项卡，如图 3-86 所示设置余量参数；单击"连接"选项卡，如图 3-87 所示设置以减少退刀；单击"空间范围"选项卡，如图 3-88 所示设置以避免空刀；单击"确定"按钮，返回"型腔铣"对话框。

单击"非切削移动"按钮▦，系统弹出"非切削移动"对话框，如图 3-89 所示设置，单击"确定"按钮，完成非切削移动的设置。

单击"进给率和速度"按钮▦，系统弹出"进给率和速度"对话框，如图 3-90 所示设置，单击"确定"按钮，完成进给率和速度的设置。

单击"剩余铣"对话框中的"生成"按钮▶，系统生成刀具轨迹，如图 3-91 所示。

单击"确认"按钮▦，系统弹出"刀轨可视化"对话框，选择 3D 动态，单击"播放"按钮▶，仿真结束后单击"刀轨可视化"对话框的 分析 按钮，如图 3-92 所示，然后单击各加工面，测量其加工余量，发现残料已减少，最后三次单击"确定"按钮，完成剩余铣二次粗加工工序的创建。

说明：

　　如果平底刀二次开粗效果不理想可以选择球刀二次开粗或半精加工。

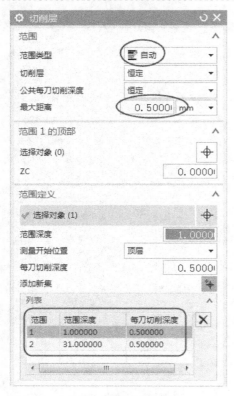

图 3-85　"切削层"对话框

图 3-86　余量设置

图 3-87　"连接"选项卡

图 3-88　"空间范围"选项卡

图 3-89 "非切削移动"对话框

图 3-90 "进给率和速度"对话框

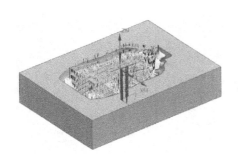

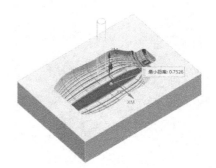

图 3-91 生成刀具轨迹

图 3-92 仿真结果分析

3.2.11 创建平面精加工工序

单击 ⬚ 按钮，系统弹出"创建工序"对话框，选择底壁铣工序子类型 ⬚，如图 3-93 所示设置参数，单击"确定"按钮，系统弹出"底壁铣"对话框，如图 3-94 所示。

单击"指定切削区底面"按钮 ⬚，系统弹出"切削区域"对话框，如图 3-95 所示选择切削区底面，单击"确定"按钮，完成切削区底面的指定，返回"底壁铣"对话框。

单击"切削参数"按钮 ⬚，系统弹出"切削参数"对话框，单击"余量"选项卡，如图 3-96 所示设置；单击"连接"选项卡，如图 3-97 所示设置可避免空刀；单击"确定"按钮，完成切削参数的设置。

单击"非切削移动"按钮 ⬚，系统弹出"非切削移动"对话框，如图 3-98 所示设置，单击"确定"按钮，完成非切削移动的设置。

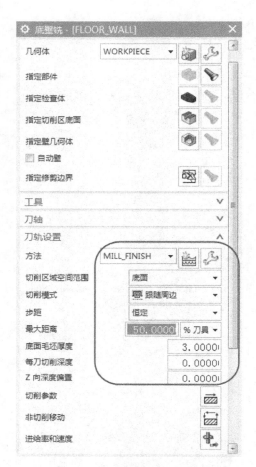

图 3-94 "底壁铣"对话框

图 3-93 "创建工序"对话框

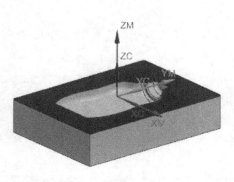

图 3-95 指定切削区底面

图 3-96 余量设置

图 3-97 "连接"选项卡

图 3-98 "非切削移动"对话框

单击"进给率和速度"按钮，系统弹出"进给率和速度"对话框，如图 3-99 所示设置，单击"确定"按钮，完成进给率和速度的设置。

单击"底壁铣"对话框中的"生成"按钮，系统生成刀具轨迹，如图 3-100 所示。

图 3-99 "进给率和速度"对话框

图 3-100 生成刀具轨迹

单击"确认"按钮，系统弹出"刀轨可视化"对话框，选择 3D 动态 ，单击"播放"按钮，仿真完成后单击"刀轨可视化"对话框的 分析 按钮，然后单击加工面，测量其加工余量，如图 3-101 所示，最后三次单击"确定"按钮，完成平面精加工工序的创建。

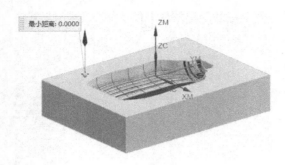

图 3-101 仿真分析

3.2.12 创建曲面精加工工序

单击 按钮，系统弹出"创建工序"对话框，选择固定轮廓铣工序子类型 ，如图 3-102 所示设置参数；单击"确定"按钮，系统弹出"固定轮廓铣"对话框，如图 3-103 所示设置。

图 3-102 "创建工序"对话框

图 3-103 "固定轮廓铣"对话框

单击"指定切削区域"按钮 ，系统弹出"切削区域"对话框，将部件视角调整为俯视图，窗选切削区域，如图 3-104 所示；单击"切削区域"对话框的"确定"按钮，完成切削区域指定，调整部件视角，结果如图 3-105 所示。

如图 3-106 所示，"驱动方法"的"方法"选择"区域铣削"，系统弹出"驱动方法"对话框，单击"确定"按钮，系统弹出"区域铣削驱动方法"对话框，如图 3-107 所示设置，单击"确定"按钮返回"固定轮廓铣"对话框。

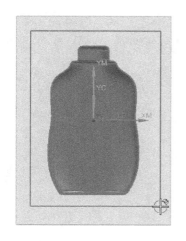

图 3-104 窗选切削区域

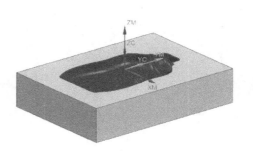

图 3-105 指定切削区域

图 3-106 驱动方法选择区域铣削

图 3-107 "区域铣削驱动方法"对话框

单击"切削参数"按钮，系统弹出"切削参数"对话框，单击"余量"选项卡，如图 3-108 所示设置；单击"策略"选项卡，如图 3-109 所示设置；单击"确定"按钮，完成切削参数的设置。

单击"非切削移动"按钮，系统弹出"非切削移动"对话框，如图 3-110 所示设置，单击"确定"按钮，完成非切削移动的设置。

单击"进给率和速度"按钮，系统弹出"进给率和速度"对话框，如图 3-111 所示设置，单击"确定"按钮，完成进给率和速度的设置。

单击"固定轮廓铣"对话框中的"生成"按钮，系统生成刀具轨迹，如图 3-112 所示。

单击"确认"按钮，系统弹出"刀轨可视化"对话框，选择 3D 动态，单击"播放"按钮，仿真完成后单击"刀轨可视化"对话框的 分析 按钮，然后单击各加工面，如图 3-113 所示，测量其加工余量，发现圆角部位存在较大残料需要清根，最后三次单击"确定"按钮，完成曲面精加工工序的创建。

图 3-108 余量设置

图 3-109 "策略"选项卡

图 3-110 "非切削移动"对话框

图 3-111 "进给率和速度"对话框

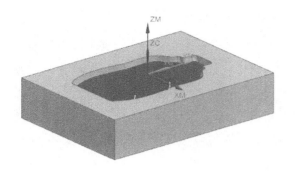

图 3-112　生成刀具轨迹

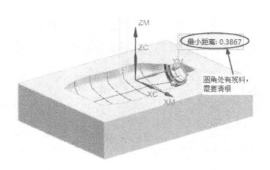

图 3-113　仿真结果分析

3.2.13　创建清根加工工序

单击 按钮，系统弹出"创建工序"对话框，选择清根参考刀具工序子类型 ，如图 3-114 所示设置参数；单击"确定"按钮，系统弹出"清根参考刀具"对话框，如图 3-115 所示设置。

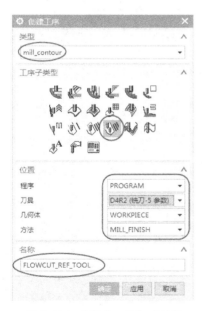

图 3-114　"创建工序"对话框

图 3-115　"清根参考刀具"对话框

单击"驱动方法"编辑按钮 ，系统弹出"清根驱动方法"对话框，如图 3-116 所示设置，单击"确定"按钮，返回"清根参考刀具"对话框。

单击"切削参数"按钮 ，系统弹出"切削参数"对话框，单击"余量"选项卡，如

图 3-117 所示设置，单击"确定"按钮，完成切削参数的设置。

图 3-116 "清根驱动方法"对话框

图 3-117 余量设置

单击"非切削移动"按钮，系统弹出"非切削移动"对话框，如图 3-118 所示，单击"确定"按钮，返回"清根参考刀具"对话框。

单击"进给率和速度"按钮，系统弹出"进给率和速度"对话框，如图 3-119 所示设置，单击"确定"按钮，完成进给率和速度的设置。

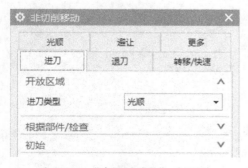

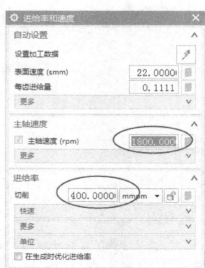

图 3-118 "非切削移动"对话框

图 3-119 "进给率和速度"对话框

单击"清根参考刀具"对话框中的"生成"按钮 ⏵，系统生成刀具轨迹，如图 3-120 所示。

单击"确认"按钮 ⏴，系统弹出"刀轨可视化"对话框，选择 3D 动态，单击"播放"按钮 ▶，仿真完成后单击"刀轨可视化"对话框的 分析 按钮，然后单击加工面，如图 3-121 所示，测量其加工余量，最后三次单击"确定"按钮，完成清根加工工序的创建。

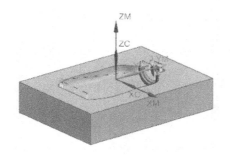

图 3-120　生成刀具轨迹

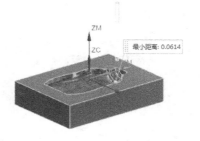

图 3-121　仿真结果分析

3.2.14　后处理

在"工序导航器-程序"对话框中选择 PROGRAM，单击 后处理 按钮，系统弹出"后处理"对话框，选择定制的专用后处理，后处理结果如图 3-122 所示。

3.2.15　练习与思考

1. 请完成附带光盘中 exe3_1.prt 部件的粗、精加工。

提示：可采用型腔铣粗加工，底壁铣精加工平面，深度轮廓铣精加工曲面。

说明："底壁铣"对应之前版本的"面铣削区域"，附带光盘结果文件有"面铣削区域"工序。

2. 请完成附带光盘中 exe3_2.prt 部件的粗、精加工。

提示：可采用型腔铣粗加工，底壁铣精加工平面，固定轮廓铣精加工曲面，清根参考刀具加工圆角残料。

图 3-122　后处理得到的数控加工程序

第4章

点位加工

4.1 实例1：法兰盘孔的加工

点位加工是数控加工中常见的操作，主要包括钻孔、扩孔、铰孔、攻螺纹、锪孔、镗孔等操作。点位加工主要指刀具运动由 3 部分组成的加工操作，首先刀具快速定位到加工位置上，然后切入工件，最后完成切削后退回。

在机械加工中，不同的工件孔结构和技术要求，可采用不同的加工方法，这些方法归纳起来分为两类：一类是对实体工件进行孔加工，即从实体上加工出孔；另一类是对已有的孔进行半精加工和精加工。

本实例加工工序（步）如下：

1）定心钻。

2）钻 $4 \times \phi6mm$ 通孔。

3）钻 $\phi12mm$ 通孔。

4）锪沉孔。

> **说明：**
> UG 的"工序"严格意义上应该叫"工步"。

4.1.1 打开源文件

打开源文件 exa4_1.prt，结果如图 4-1 所示。

图 4-1 法兰盘

4.1.2　部件分析

利用"分析"—"测量距离"命令可以测量模型圆盘直径为 66mm、高为 10mm，圆台直径为 30mm、高为 10mm，中心为直径为 12mm 的通孔，四周为 4 个直径为 6mm 的通孔和 4 个深 3mm、直径为 12mm 的沉头孔，如图 4-2 所示。

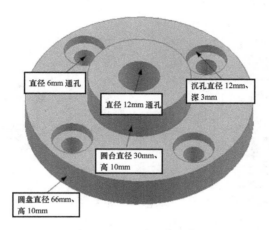

图 4-2　法兰盘尺寸分析

4.1.3　绘制毛坯

毛坯可以先在普通车床或数控车床上加工好，然后在数控铣床上进行孔的加工。

选择"应用模块"—"建模"，进入建模模块。

若 WCS（工作坐标系）没有显示，选择"菜单"—"格式"—"WCS"—"显示"命令显示 WCS，选择"菜单"—"格式"—"WCS"—"原点"命令将 WCS 原点指定为部件底面中心。

选择"菜单"—"插入"—"设计特征"—"圆柱"，系统弹出"圆柱"对话框，如图 4-3 所示设置；单击"确定"按钮完成圆盘创建，隐藏部件几何体，结果如图 4-4 所示。

图 4-3　"圆柱"对话框 1

图 4-4　创建圆盘

选择"菜单"—"插入"—"设计特征"—"圆柱",系统弹出"圆柱"对话框,如图 4-5 所示设置;单击"确定"按钮,完成圆台创建,结果如图 4-6 所示。

图 4-5 "圆柱"对话框 2

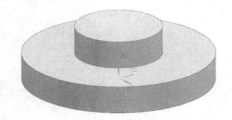

图 4-6 创建圆台

单击 合并 按钮,系统弹出"合并"对话框,分别选择圆盘和圆台;单击"确定"按钮将两个实体合并成一个实体,并半透明显示,结果如图 4-7 所示。

4.1.4 加工环境配置

选择"应用模块"—"加工",进入加工模块,系统弹出"加工环境"对话框,如图 4-8 所示设置;单击"确定"按钮,完成加工环境的配置。

图 4-8 加工环境配置

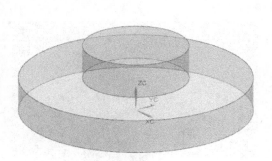

图 4-7 合并实体并半透明显示毛坯

4.1.5　移动 WCS（工作坐标系）的原点

在工序导航器中显示几何视图，选择"菜单"—"格式"—"WCS"—"原点"命令，系统弹出"点"对话框，如图 4-9 所示设置。

选择毛坯上表面中心，单击"点"对话框的"确定"按钮，将 WCS（工作坐标系）的原点指定为毛坯上表面中心，如图 4-10 所示。

图 4-9　"点"对话框

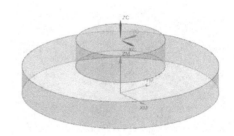

图 4-10　指定 WCS（工作坐标系）的原点

4.1.6　移动 MCS（加工坐标系）的原点

如图 4-11 所示，在"工序导航器-几何"对话框中双击 ⧉ MCS_MILL，系统弹出"MCS 铣削"对话框，如图 4-12 所示。

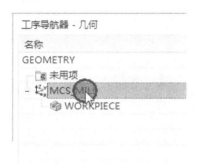

图 4-11　"工序导航器-几何"对话框

图 4-12　"MCS 铣削"对话框

单击"坐标系对话框"按钮⧉，系统弹出"坐标系"对话框，如图 4-13 所示设置；单击"确定"按钮，完成加工坐标系原点的指定，结果如图 4-14 所示。

图 4-13 "坐标系"对话框

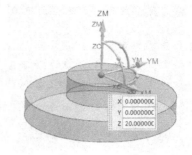

图 4-14 MCS 与 WCS 原点重合

如图 4-15 所示,在"MCS 铣削"对话框中"安全设置选项"选择"平面";如图 4-16 所示,选择毛坯上表面,设置"距离"为 3,即指定安全平面距离毛坯上表面 3mm,单击"确定"按钮,完成 MCS 原点和安全平面的指定。

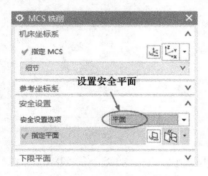

图 4-15 "MCS 铣削"对话框

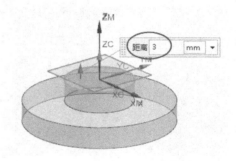

图 4-16 设置安全平面

4.1.7 指定部件、毛坯几何体

如图 4-17 所示,在"工序导航器-几何"对话框中双击 ⬡ WORKPIECE,系统弹出"工件"对话框,如图 4-18 所示,单击"指定毛坯"按钮 ⬡,选择毛坯,单击"确定"按钮;单击"指定部件"按钮 ▧,按"Ctrl+Shift+B"键显示部件,选择部件;两次单击"确定"按钮,完成部件、毛坯几何体的指定。

图 4-17 "工序导航器-几何"对话框

图 4-18 "工件"对话框

4.1.8 创建刀具

在工序导航器中显示机床视图，单击 按钮，系统弹出"创建刀具"对话框，如图 4-19 所示设置；单击"确定"按钮，系统弹出"钻刀"对话框，如图 4-20 所示设置刀具参数；单击"确定"按钮，完成定心钻 SPOTDRILLING_TOOL_D5 的创建。

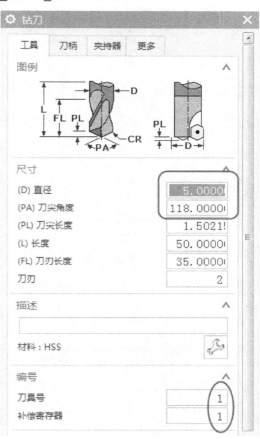

图 4-19 "创建刀具"对话框 1   图 4-20 "钻刀"对话框 1

单击 按钮，系统弹出"创建刀具"对话框，如图 4-21 所示设置；单击"确定"按钮，系统弹出"钻刀"对话框，如图 4-22 所示设置刀具参数；单击"确定"按钮，完成钻头 DRILLING_TOOL_D6 的创建。

单击 按钮，系统弹出"创建刀具"对话框，如图 4-23 所示设置；单击"确定"按钮，系统弹出"钻刀"对话框，如图 4-24 所示设置刀具参数；单击"确定"按钮，完成钻头 DRILLING_TOOL_D12 的创建。

单击 按钮，系统弹出"创建刀具"对话框，如图 4-25 所示设置；单击"确定"按钮，系统弹出"铣刀-5 参数"对话框，如图 4-26 所示设置刀具参数；单击"确定"按钮，完成锪钻 COUNTERBORING_TOOL_D12 的创建。

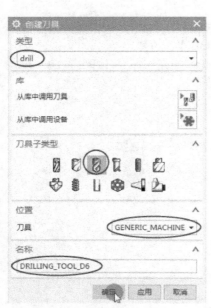

图 4-21 "创建刀具"对话框 2

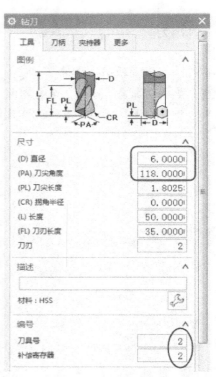

图 4-22 "钻刀"对话框 2

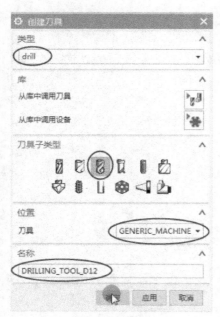

图 4-23 "创建刀具"对话框 3

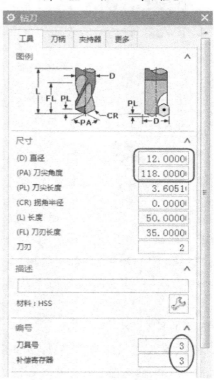

图 4-24 "钻刀"对话框 3

图 4-25 "创建刀具"对话框 4

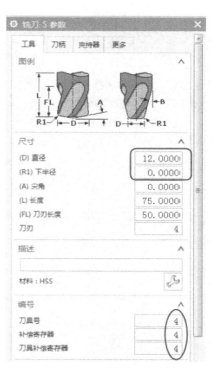

图 4-26 "铣刀-5 参数"对话框

4.1.9 创建定心钻加工工序

单击  按钮，系统弹出"创建工序"对话框，选择定心钻工序子类型，如图 4-27 所示设置参数；单击"确定"按钮，系统弹出"定心钻"对话框，如图 4-28 所示。

图 4-27 "创建工序"对话框

图 4-28 "定心钻"对话框

单击"指定孔"按钮 🗔，系统弹出"点到点几何体"对话框，单击 选择 按钮，如图 4-29 所示，选择 5 个孔的边缘，两次单击"确定"按钮，完成孔的指定并返回"定心钻"对话框。

单击钻孔循环"编辑参数"按钮 🗔，系统弹出"指定参数组"对话框；单击"确定"按钮，系统弹出"Cycle 参数"对话框；单击 Depth (Tip) - 0.0000 按钮，系统弹出"Cycle 深度"对话框；单击 刀尖深度 按钮，设置"深度"为 1.5；单击"确定"按钮，在"Cycle 参数"对话框中单击 Dwell - 开 按钮，在"Cycle Dwell"对话框中单击 秒 按钮，设置"秒"为 0.5；两次单击"确定"按钮，返回"定心钻"对话框；单击"进给率和速度"按钮 🗔，系统弹出"进给率和速度"对话框，如图 4-30 所示设置；单击"确定"按钮，完成进给率和速度的设置。

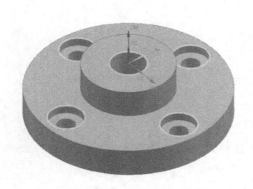

图 4-29　选择 5 个孔的边缘

图 4-30　"进给率和速度"对话框

单击"定心钻"对话框中的"生成"按钮 🗔，系统生成刀具轨迹，如图 4-31 所示。

单击"确认"按钮 🗔，系统弹出"刀轨可视化"对话框，选择 3D 动态，单击"播放"按钮 ▶，仿真结果如图 4-32 所示；两次单击"确定"按钮，完成定心钻加工工序的创建。

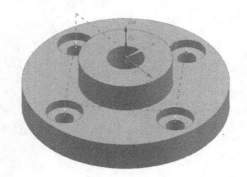

图 4-31　生成刀具轨迹

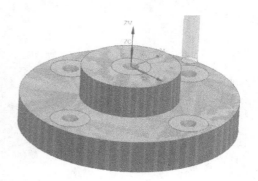

图 4-32　仿真结果

4.1.10 创建 φ6mm 通孔钻加工工序

单击 按钮，系统弹出"创建工序"对话框，选择钻孔工序子类型，如图 4-33 所示设置参数；单击"确定"按钮，系统弹出"钻孔"对话框，如图 4-34 所示。

图 4-33 "创建工序"对话框

图 4-34 "钻孔"对话框

单击"指定孔"按钮 ，系统弹出"点到点几何体"对话框，如图 4-35 所示；单击 选择 按钮，选择 4 个孔的边缘，如图 4-36 所示；单击"确定"按钮，完成孔的指定，并返回"点到点几何体"对话框。

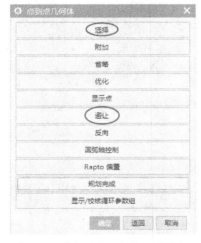

图 4-35 "点到点几何体"对话框

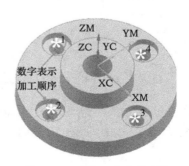

图 4-36 选择 4 个孔的边缘

单击"点到点几何体"对话框中的"避让"按钮，如图 4-37 所示，选择第 1 点、第 2 点，单击 安全平面 按钮；选择第 2 点、第 3 点，单击 安全平面 按钮；选择第 3 点、第 4 点，单击 安全平面 按钮；两次单击"确定"按钮，返回"钻孔"对话框。

单击"进给率和速度"按钮 ，系统弹出"进给率和速度"对话框，如图 4-38 所示设置，单击"确定"按钮，完成进给率和速度的设置。

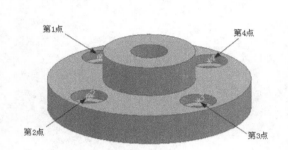

图 4-37 指定退刀安全平面

图 4-38 "进给率和速度"对话框

单击"钻孔"对话框中的"生成"按钮 ，系统生成刀具轨迹，如图 4-39 所示。

单击"确认"按钮 ，系统弹出"刀轨可视化"对话框，选择 3D 动态，单击"播放"按钮 ，仿真结果如图 4-40 所示，两次单击"确定"按钮，完成 ϕ6mm 通孔钻加工工序的创建。

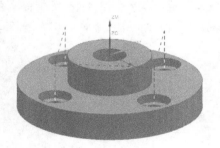

图 4-39 生成刀具轨迹

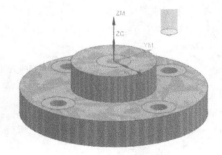

图 4-40 仿真结果

4.1.11 创建 ϕ12mm 通孔钻加工工序

复制 ϕ6mm 通孔钻加工工序"DRILLING"并粘贴，得到工序"DRILLING_COPY"，如图 4-41 所示。双击工序"DRILLING_COPY"，系统弹出"钻孔"对话框，如图 4-42 所示。

图 4-41 复制 ϕ6mm 通孔钻加工工序　　　　图 4-42 "钻孔"对话框

单击"指定孔"按钮 ，系统弹出"点到点几何体"对话框；单击"选择"按钮，再单击"是"按钮，删除原来的孔几何体，重新选择中心 ϕ12mm 通孔，如图 4-43 所示；两次单击"确定"按钮，返回"钻孔"对话框，如图 4-44 所示，选择直径 12mm 的钻头：DRILLING_TOOL_D12。

图 4-43 选择中心 ϕ12mm 通孔　　　　图 4-44 选择 ϕ12mm 钻头

单击"钻孔"对话框中的"生成"按钮 ，系统生成刀具轨迹，如图 4-45 所示。

单击"确认"按钮 ，系统弹出"刀轨可视化"对话框，选择 3D 动态，单击"播放"按钮 ，仿真结果如图 4-46 所示，两次单击"确定"按钮，完成 ϕ12mm 通孔钻加工工序的创建。

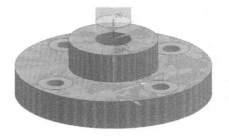

图 4-45 生成刀具轨迹　　　　图 4-46 仿真结果

4.1.12　创建 ϕ12mm 沉孔钻加工工序

单击 按钮，系统弹出"创建工序"对话框，选择沉头孔加工工序子类型 ，如图 4-47 所示设置参数；单击"确定"按钮，系统弹出"沉头孔加工"对话框，如图 4-48 所示。

图 4-47　"创建工序"对话框　　　　　图 4-48　"沉头孔加工"对话框

单击"指定孔"按钮 ，系统弹出"点到点几何体"对话框，如图 4-49 所示；单击 选择 按钮，如图 4-50 所示，选择 4 个孔的边缘；单击"确定"按钮，完成孔的指定，并返回"点到点几何体"对话框。

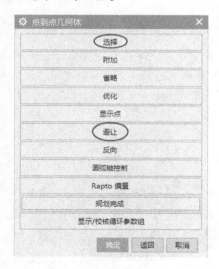

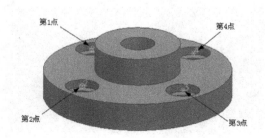

图 4-49　"点到点几何体"对话框　　　　　图 4-50　选择 4 个孔的边缘

说明：

　　当孔的数量较多时，可以单击 图上所有孔 按钮选择。

　　单击"点到点几何体"对话框的"避让"按钮，如图 4-50 所示，选择第 1 点、第 2 点，单击 安全平面 按钮；选择第 2 点、第 3 点，单击 安全平面 按钮；选择第 3 点、第 4 点，单击 安全平面 按钮；两次单击"确定"按钮，返回"沉头孔加工"对话框。

　　单击"进给率和速度"按钮 ，系统弹出"进给率和速度"对话框，如图 4-51 所示设置，单击"确定"按钮，完成进给率和速度的设置。

　　单击"沉头孔加工"对话框中的"生成"按钮 ，系统生成刀具轨迹，如图 4-52 所示。

图 4-51　"进给率和速度"对话框

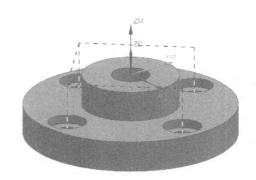

图 4-52　生成刀具轨迹

　　单击"确认"按钮 ，系统弹出"刀轨可视化"对话框，选择 3D动态 ，单击"播放"按钮 ，仿真结果如图 4-53 所示，两次单击"确定"按钮，完成 ϕ12mm 沉孔钻加工工序的创建。

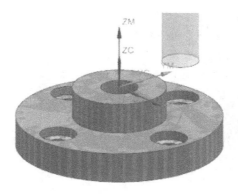

图 4-53　仿真结果

4.1.13　后处理

　　在"工序导航器-程序"对话框中选择 PROGRAM，单击 后处理 按钮，系统弹出"后处理"对话框，选择定制的专用后处理，后处理结果如图4-54所示。

图4-54　后处理得到的数控加工程序

4.1.14　点位加工小结

点位加工流程为：

1）打开部件文件。

2）部件分析（如测量尺寸等）。

3）绘制毛坯。

4）配置加工环境（drill）。

5）创建刀具（定心钻、钻头、铰刀、锪钻等）。

6）双击MCS_MILL，指定MCS和安全平面。

7）双击WORKPIECE，指定部件、毛坯几何体（仿真加工必需）。

8）创建几何体DRILL_GEOM——指定孔的位置和数量、顶面、底面等（计算刀具轨迹必需）。

9）创建孔的粗、精加工操作。

> **说明：**
>
> 当孔比较多或加工工序复杂时，建议创建几何体DRILL_GEOM以便于编辑管理。

4.1.15　练习与思考

1. 为了安全起见，请将本实例中的定心钻加工工序进行避让设置。

2. 修改ϕ12mm通孔钻加工工序循环类型（图4-55）并后处理，将循环类型与G指令对应起来。

图 4-55　循环类型

4.2　实例 2：斜面体的加工

本实例是一个斜面体零件，首先需要加工两个斜面，然后有 4 个面的孔需要加工，其加工工序（步）如下：

1）型腔铣加工大斜面。

2）型腔铣加工小斜面。

3）定心钻加工定位孔。

4）钻 ϕ5mm 孔。

5）锪 ϕ10mm 沉孔。

4.2.1　打开源文件

打开源文件 exa4_2.prt，结果如图 4-56 所示。

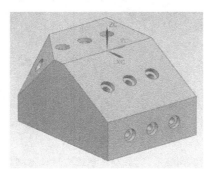

图 4-56　斜面体

4.2.2　部件分析

利用"分析"—"测量距离"命令可以测量斜面体长、宽、高分别为 100mm、80mm、

60mm，小孔直径为 5mm，沉孔直径为 10mm。

4.2.3　绘制毛坯

毛坯 6 个面可以先在普通机床（铣床或磨床）上加工好，然后在数控机床上进行孔的加工。

选择"应用模块"—"建模"，进入建模模块。

选择"菜单"—"格式"—"WCS"—"WCS 设为绝对"命令将 WCS（工作坐标系）与 ACS（绝对坐标系）重合。

选择"菜单"—"插入"—"设计特征"—"长方体"，系统弹出"长方体"对话框，如图 4-57 所示，"类型"选择"两个对角点"，选择图 4-58 所示两个对角点，单击"确定"按钮，完成长方体的创建。

图 4-57　"长方体"对话框

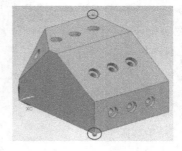

图 4-58　选择两个对角点

半透明显示毛坯，并隐藏部件几何体，结果如图 4-59 所示。

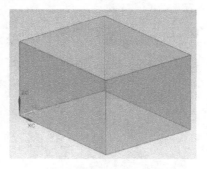

图 4-59　隐藏部件半透明显示毛坯

4.2.4　加工环境配置

选择"应用模块"—"加工"，进入加工模块，系统弹出"加工环境"对话框，如图 4-60 所示设置，单击"确定"按钮，完成加工环境的配置。

图 4-60　加工环境配置

4.2.5　移动 WCS（工作坐标系）的原点

在工序导航器中显示几何视图，单击"+"展开 ⊹ MCS_MILL ，选择"菜单"—"格式"—"WCS"—"原点"命令，系统弹出"点"对话框，如图 4-61 所示设置。

选择毛坯上表面两对角点，单击"点"对话框的"确定"按钮，将 WCS（工作坐标系）的原点指定为毛坯上表面中心，如图 4-62 所示。

图 4-61　"点"对话框

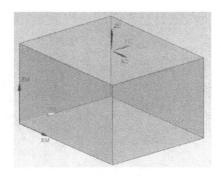

图 4-62　指定 WCS（工作坐标系）的原点

4.2.6 移动 MCS（加工坐标系）的原点

如图 4-63 所示，在"工序导航器-几何"对话框中双击 MCS_MILL，系统弹出"MCS 铣削"对话框，如图 4-64 所示。

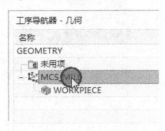

图 4-63 "工序导航器-几何"对话框

图 4-64 "MCS 铣削"对话框

单击"坐标系对话框"按钮，系统弹出"坐标系"对话框，如图 4-65 所示设置；单击"确定"按钮，完成加工坐标系原点的指定，结果如图 4-66 所示。

图 4-65 "坐标系"对话框

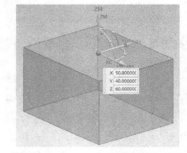

图 4-66 MCS 与 WCS 原点重合

如图 4-67 所示，"MCS 铣削"对话框的"安全设置选项"选择"平面"；如图 4-68 所示，选择毛坯上表面，设置"距离"为 5，即指定安全平面距离毛坯上表面为 5mm；单击"确定"按钮，完成 MCS 原点和安全平面的指定。

图 4-67 "MCS 铣削"对话框

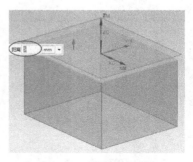

图 4-68 设置安全平面

4.2.7　指定部件、毛坯几何体

如图 4-69 所示，在"工序导航器-几何"对话框中双击 ![icon] WORKPIECE，系统弹出"工件"对话框，如图 4-70 所示；单击"指定毛坯"按钮 ![icon]，选择毛坯；单击"确定"按钮，按"Ctrl+Shift+B"键显示部件；单击"指定部件"按钮 ![icon]，选择部件；两次单击"确定"按钮，完成部件、毛坯几何体的指定。

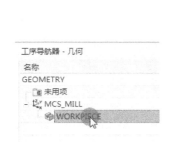

图 4-69　"工序导航器-几何"对话框　　　　图 4-70　"工件"对话框

4.2.8　创建刀具

在工序导航器中显示机床视图，单击 ![icon] 按钮，系统弹出"创建刀具"对话框，如图 4-71 所示设置；单击"确定"按钮，系统弹出"铣刀-5 参数"对话框，如图 4-72 所示设置刀具参数；单击"确定"按钮，完成平底刀 D12R0 的创建。

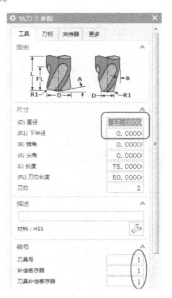

图 4-71　"创建刀具"对话框 1　　　　图 4-72　"铣刀-5 参数"对话框

单击 按钮，系统弹出"创建刀具"对话框，如图4-73所示设置；单击"确定"按钮，系统弹出"钻刀"对话框，如图 4-74 所示设置刀具参数；单击"确定"按钮，完成定心钻SPOTDRILLING_TOOL_D5的创建。

图 4-73 "创建刀具"对话框2

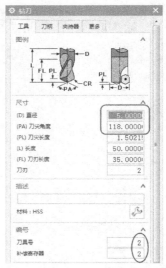

图 4-74 "钻刀"对话框1

单击 按钮，系统弹出"创建刀具"对话框，如图4-75所示设置；单击"确定"按钮，系统弹出"钻刀"对话框，如图 4-76 所示设置刀具参数；单击"确定"按钮，完成钻头DRILLING_TOOL_D5的创建。

图 4-75 "创建刀具"对话框3

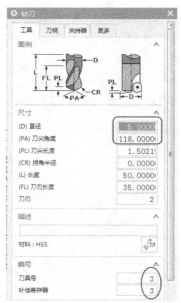

图 4-76 "钻刀"对话框2

单击 按钮，系统弹出"创建刀具"对话框，如图4-77所示设置；单击"确定"按钮，系统弹出"铣刀-5 参数"对话框，如图 4-78 所示设置刀具参数；单击"确定"按钮，完成锪钻 COUNTERBORING_TOOL_D10 的创建。

图 4-77 "创建刀具"对话框 4

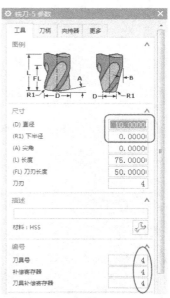

图 4-78 "铣刀-5 参数"对话框 2

4.2.9 创建型腔铣加工大斜面工序

单击 按钮，系统弹出"创建工序"对话框，选择基本型腔铣工序子类型，如图 4-79
所示设置参数；单击"确定"按钮，系统弹出"型腔铣"对话框，如图 4-80 所示设置。

图 4-79 "创建工序"对话框

图 4-80 "型腔铣"对话框

单击"指定切削区域"按钮，系统弹出"切削区域"对话框，选择图 4-81 所示斜面，单击"确定"按钮，返回"型腔铣"对话框。

单击"切削层"按钮，系统弹出"切削层"对话框，如图 4-82 所示；单击"确定"按钮，返回"型腔铣"对话框。

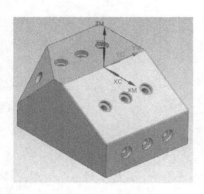

图 4-81　指定切削区域

图 4-82　"切削层"对话框

单击"切削参数"按钮，系统弹出"切削参数"对话框，如图 4-83 所示设置切削顺序；单击"余量"选项卡，如图 4-84 所示设置余量参数。

图 4-83　切削顺序深度优先

图 4-84　余量参数设置

单击"连接"选项卡，如图 4-85 所示设置；单击"确定"按钮，返回"型腔铣"对话框。单击"非切削移动"按钮，系统弹出"非切削移动"对话框，如图 4-86 所示设置；单击"确定"按钮，完成非切削移动的设置。

图 4-85 "连接"选项卡

图 4-86 "非切削移动"对话框

单击"进给率和速度"按钮 🖫，系统弹出"进给率和速度"对话框，如图 4-87 所示设置；单击"确定"按钮，完成进给率和速度的设置。

在"型腔铣"对话框中展开"刀轴"区段，如图 4-88 所示设置，"轴"选择"指定矢量"，"指定矢量"选择 🛴；选择图 4-89 所示斜面，将斜面的法线方向作为刀轴矢量方向。

图 4-87 "进给率和速度"对话框

图 4-88 设置刀轴矢量

单击"型腔铣"对话框中的"生成"按钮 ▶，系统生成刀具轨迹，如图 4-90 所示。

单击"确认"按钮 🔩，系统弹出"刀轨可视化"对话框，选择 3D 动态，单击"播放"按钮 ▶，仿真结束后单击"刀轨可视化"对话框的 分析 按钮，然后单击加工面，可测量其加工余量，如图 4-91 所示，最后 3 次单击"确定"按钮，完成型腔铣加工大斜面工序的创建。

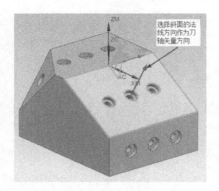

图4-89 选择斜面

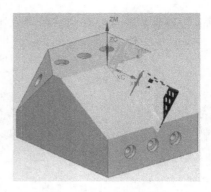

图4-90 生成刀具轨迹

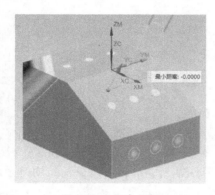

图4-91 仿真分析

4.2.10 创建型腔铣加工小斜面工序

复制"CAVITY_MILL"工序,粘贴得到"CAVITY_MILL_COPY"工序,如图4-92所示;双击 CAVITY_MILL_COPY,系统弹出"型腔铣"对话框,如图4-93所示。

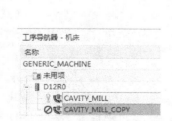

图4-92 复制"CAVITY_MILL"工序

图4-93 "型腔铣"对话框

单击"指定切削区域"按钮 ，系统弹出"切削区域"对话框,如图4-94所示;单击"移除"按钮 ，删除原来的切削区域,如图4-95所示,重新指定切削区域;单击"确定"按钮,返回"型腔铣"对话框。

图 4-94 "切削区域"对话框

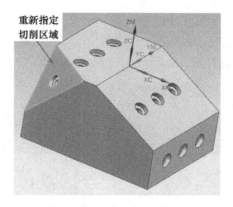

图 4-95 重新指定切削区域

在"型腔铣"对话框的"刀轴"区段单击 ✓ 指定矢量，然后按"Shift"键单击斜面取消选择，如图 4-96 所示，并如图 4-97 所示重新选择斜面，以确定刀轴矢量方向。

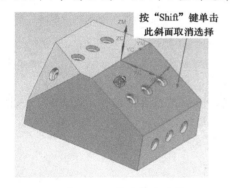

图 4-96 斜面取消选择

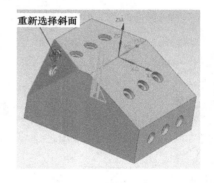

图 4-97 重新选择斜面

单击"型腔铣"对话框中的"生成"按钮 ▶，系统生成刀具轨迹，如图 4-98 所示。

单击"确认"按钮 ，系统弹出"刀轨可视化"对话框，选择 3D 动态，单击"播放"按钮 ▶，仿真结束后单击"刀轨可视化"对话框的 分析 按钮，然后单击加工面，可测量其加工余量，如图 4-99 所示，最后 3 次单击"确定"按钮，完成型腔铣加工小斜面工序的创建。

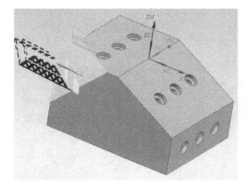

图 4-98 生成刀具轨迹

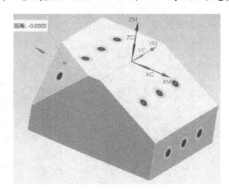

图 4-99 仿真分析

4.2.11　创建顶面钻加工几何体

单击 按钮，系统弹出"创建几何体"对话框，如图4-100所示设置；单击"确定"按钮，系统弹出"钻加工几何体"对话框，如图4-101所示。

图4-100　创建几何体"对话框　　　　图4-101　"钻加工几何体"对话框

单击"指定孔"按钮 ◈，系统弹出"点到点几何体"对话框；单击 选择 按钮，再单击 图上所有孔 按钮，如图4-102所示选择顶面，系统自动选择面上的3个孔，然后3次单击"确定"按钮，返回"钻加工几何体"对话框。

单击"指定顶面"按钮 ◈，系统弹出"顶面"对话框，如图4-103所示设置；选择顶面，如图4-104所示；单击"确定"按钮，返回"钻加工几何体"对话框，如图4-105所示设置；单击"确定"按钮，完成钻加工几何体创建。

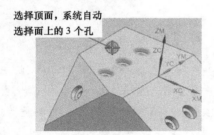
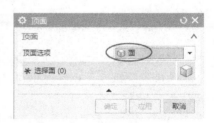

图4-102　指定顶面3个孔　　　　图4-103　"顶面"对话框

图4-104　选择顶面　　　　图4-105　"钻加工几何体"对话框

在"工序导航器-几何"对话框中，单击"+"展开 + ⬡ WORKPIECE，可以看到创建的顶面钻加工几何体 ⬡ DRILL_GEOM，如图 4-106 所示。

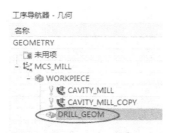

图 4-106 "工序导航器-几何"对话框

4.2.12 创建顶面定心钻加工工序

单击 🗊 按钮，系统弹出"创建工序"对话框，选择定心钻工序子类型，如图 4-107 所示设置参数；单击"确定"按钮，系统弹出"定心钻"对话框，如图 4-108 所示。

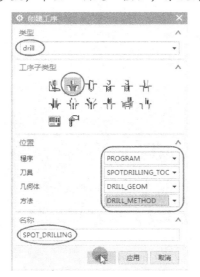

图 4-107 "创建工序"对话框   图 4-108 "定心钻"对话框

单击钻孔循环"编辑参数"按钮 ⬚，系统弹出"指定参数组"对话框；单击"确定"按钮，系统弹出"Cycle 参数"对话框；单击 Depth (Tip) - 0.0000 按钮，系统弹出"Cycle 深度"对话框；单击 刀尖深度 按钮，设置"深度"为 1.5；单击"确定"按钮，在"Cycle 参数"对话框中单击 Dwell - 开 按钮，在"Cycle Dwell"对话框中单击 ⬚ 按钮，设置"秒"为 0.5；两次单击"确定"按钮，返回"定心钻"对话框。

单击"进给率和速度"按钮 ⬚，系统弹出"进给率和速度"对话框，如图 4-109 所示设置；单击"确定"按钮，完成进给率和速度设置。

单击"定心钻"对话框中的"生成"按钮 ⬚，系统生成刀具轨迹，如图 4-110 所示。

图4-109　"进给率和速度"对话框

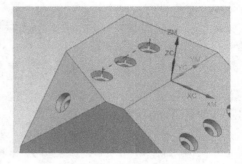

图4-110　生成刀具轨迹

单击"确认"按钮⚓，系统弹出"刀轨可视化"对话框；单击碰撞设置按钮，系统弹出"碰撞设置"对话框，如图4-111所示设置；单击"确定"按钮，返回"刀轨可视化"对话框，选择3D动态，单击"播放"按钮▶，仿真结果如图4-112所示；两次单击"确定"按钮，完成顶面定心钻加工工序的创建。

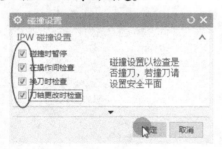

图4-111　碰撞设置

图4-112　仿真结果

4.2.13　创建顶面φ5mm孔钻加工工序

单击　按钮，系统弹出"创建工序"对话框，选择钻孔工序子类型，如图4-113所示设置参数，单击"确定"按钮，系统弹出"钻孔"对话框，如图4-114所示。

单击钻孔循环"编辑参数"按钮🔧，系统弹出"指定参数组"对话框；单击"确定"按钮，系统弹出"Cycle参数"对话框，如图4-115所示设置；单击"确定"按钮，返回"钻孔"对话框。

单击"进给率和速度"按钮🔧，系统弹出"进给率和速度"对话框，如图4-116所示设置；单击"确定"按钮，完成进给率和速度的设置。

图 4-113 "创建工序"对话框

图 4-114 "钻孔"对话框

图 4-115 钻孔循环参数设置

图 4-116 "进给率和速度"对话框

单击"钻孔"对话框中的"生成"按钮，系统生成刀具轨迹，如图4-117所示。

单击"确认"按钮，系统弹出"刀轨可视化"对话框；单击 碰撞设置 按钮，系统弹出"碰撞设置"对话框，如图4-111所示设置；单击"确定"按钮，返回"刀轨可视化"对话框，选择 3D 动态，单击"播放"按钮，仿真结果如图4-118所示；两次单击"确定"按钮，完成顶面φ5mm孔钻加工工序的创建。

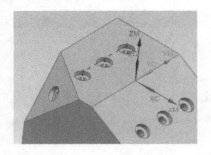

图4-117 生成刀具轨迹

图4-118 仿真结果

4.2.14 创建顶面φ10mm沉孔锪加工工序

单击 创建工序 按钮，系统弹出"创建工序"对话框，选择沉头孔加工工序子类型，如图4-119所示设置参数；单击"确定"按钮，系统弹出"沉头孔加工"对话框，如图4-120所示。

图4-119 "创建工序"对话框

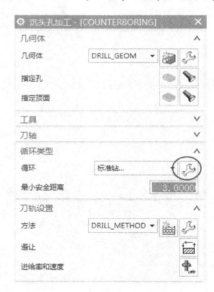

图4-120 "沉头孔加工"对话框

单击钻孔循环"编辑参数"按钮，系统弹出"指定参数组"对话框；单击"确定"按钮，系统弹出"Cycle参数"对话框，如图4-121所示设置；单击"确定"按钮，返回"沉头孔加工"对话框。

单击"进给率和速度"按钮，系统弹出"进给率和速度"对话框，如图4-122所示设置；单击"确定"按钮，完成进给率和速度的设置。

图 4-121　钻孔循环参数设置

图 4-122　"进给率和速度"对话框

　　单击"沉头孔加工"对话框中的"生成"按钮，系统生成刀具轨迹，如图 4-123 所示。

　　单击"确认"按钮，系统弹出"刀轨可视化"对话框；单击 碰撞设置 按钮，系统弹出"碰撞设置"对话框，如图 4-111 所示设置；单击"确定"按钮返回"刀轨可视化"对话框，选择 3D 动态，单击"播放"按钮，仿真结果如图 4-124 所示；两次单击"确定"按钮，完成顶面φ10mm 沉孔锪加工工序的创建。

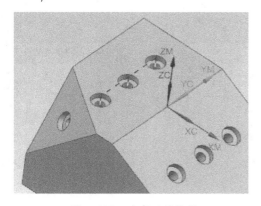

图 4-123　生成刀具轨迹

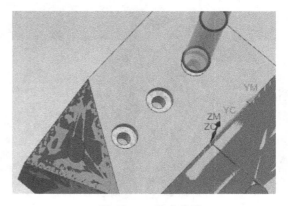

图 4-124　仿真结果

4.2.15　创建大斜面孔加工工序

　　复制几何体 DRILL_GEOM，粘贴得到几何体 DRILL_GEOM_COPY，如图 4-125 所示，其下的工序也同时被复制。双击几何体 DRILL_GEOM_COPY，系统弹出"钻加工几何体"对话框，如图 4-126 所示。

图 4-125　复制并粘贴几何体

图 4-126　"钻加工几何体"对话框

　　依次单击"指定孔"按钮 🖰，"选择"按钮、"是"按钮，删除原来的孔；单击"面上所有孔"按钮，选择图 4-127 所示斜面；三次单击"确定"按钮，返回"钻加工几何体"对话框；单击"顶面" 🖱 按钮，系统弹出"顶面"对话框，如图 4-128 所示。

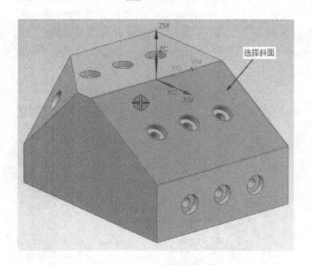

图 4-127　选择斜面

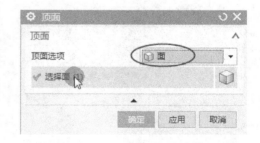

图 4-128　"顶面"对话框

　　首先按"Shift"键单击上表面，如图 4-129 所示，删除原有顶面，然后单击斜面，选择斜面作为钻加工几何体顶面；单击"确定"按钮，返回"钻加工几何体"对话框，如图 4-130 所示设置，"刀轴"选择"指定矢量"，"指定矢量"选择 🖱。

　　选择图 4-131 所示斜面，将斜面法线方向作为刀轴矢量方向，单击"确定"按钮，完成几何体 🖰 DRILL_GEOM_COPY 编辑。

　　选择几何体 🖰 DRILL_GEOM_COPY，单击 🖱 按钮，结果如图 4-132 所示。

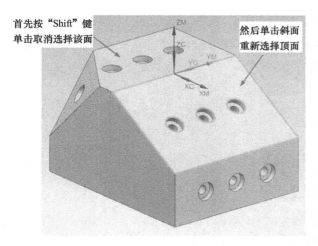

首先按"Shift"键
单击取消选择该面

然后单击斜面
重新选择顶面

图 4-129　重新选择钻几何体顶面

图 4-130　"钻加工几何体"对话框

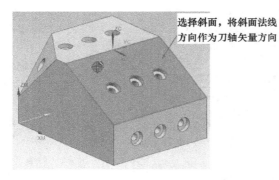

选择斜面，将斜面法线
方向作为刀轴矢量方向

图 4-131　选择斜面

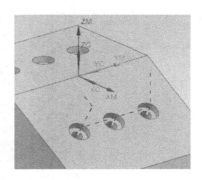

图 4-132　生成刀轨

　　单击"确认"按钮，系统弹出"刀轨可视化"对话框；单击 碰撞设置 按钮，进行碰撞设置；选择 3D 动态，单击"播放"按钮，仿真结果如图 4-133 所示；两次单击"确定"按钮，完成大斜面孔加工工序的创建。

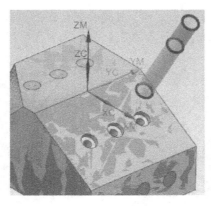

图 4-133　仿真结果

4.2.16 创建侧面孔加工工序

复制几何体 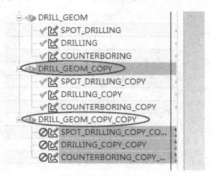 DRILL_GEOM_COPY，粘贴得到几何体 DRILL_GEOM_COPY_COPY，如图 4-134 所示，其下的工序也同时被复制。双击几何体 DRILL_GEOM_COPY_COPY，系统弹出"钻加工几何体"对话框，如图 4-135 所示编辑；单击"确定"按钮，完成编辑。

图 4-134　复制并粘贴几何体

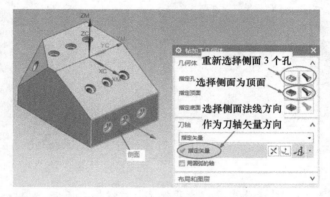

图 4-135　编辑钻加工几何体 DRILL_GEOM_COPY_COPY

选择几何体 DRILL_GEOM_COPY_COPY，单击 按钮，结果如图 4-136 所示。

单击"确认"按钮，系统弹出"刀轨可视化"对话框；单击 碰撞设置 按钮，进行碰撞设置；选择 3D 动态，单击"播放"按钮，仿真结果如图 4-137 所示；两次单击"确定"按钮，完成侧面孔加工工序的创建。

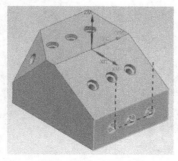

图 4-136　生成刀轨

图 4-137　仿真结果

4.2.17　创建小斜面孔加工工序

复制几何体 ⊛ DRILL_GEOM_COPY_COPY，粘贴得到几何体 ⊛ DRILL_GEOM_COPY_COPY_COPY，如图 4-138 所示，其下的工序也同时被复制。双击几何体 ⊛ DRILL_GEOM_COPY_COPY_COPY，系统弹出"钻加工几何体"对话框，如图 4-139 所示编辑；单击"确定"按钮，完成编辑。

图 4-138　复制几何体

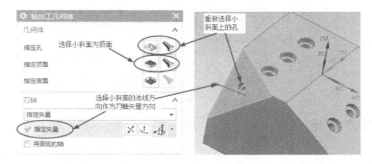

图 4-139　编辑钻加工几何体 DRILL_GEOM_COPY_COPY_COPY

选择几何体 ⊛ DRILL_GEOM_COPY_COPY_COPY，单击 按钮，结果如图 4-140 所示。

单击"确认"按钮 ，系统弹出"刀轨可视化"对话框；单击 碰撞设置 按钮，进行碰撞设置；选择 3D 动态，单击"播放"按钮 ，仿真结果如图 4-141 所示；两次单击"确定"按钮，完成小斜面孔加工工序的创建。

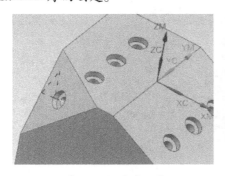

图 4-140　生成刀轨

图 4-141　仿真结果

4.2.18 调整各工序顺序

在工序导航器中显示程序顺序视图，按刀具集中原则调整各工序顺序（光标拖动即可），以减少换刀次数，提高劳动生产率，结果如图 4-142 所示。

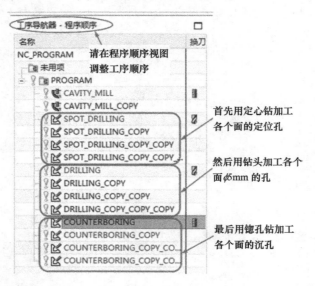

图 4-142　调整各工序顺序

4.2.19 全部工序仿真加工

全部工序仿真加工目的是检查刀轴转换时是否撞刀。在"工序导航器-程序"对话框中选择 PROGRAM ，单击"确认刀轨"按钮 ，系统弹出"刀轨可视化"对话框；单击 碰撞设置 按钮，进行碰撞设置；选择 3D动态 ，单击"播放"按钮 ，仿真结果如图 4-143 所示；单击"确定"按钮，完成仿真。

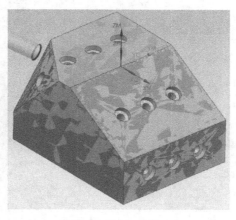

图 4-143　仿真结果

4.2.20　后处理

在"工序导航器-程序"对话框中选择 PROGRAM ，单击 按钮，系统弹出"后处理"对话框，如图 4-144 所示设置；单击"确定"按钮，后处理结果如图 4-145 所示。

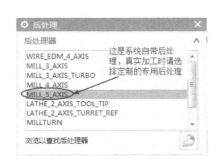

图 4-144　"后处理"对话框　　　　　图 4-145　后处理得到的数控加工程序

4.2.21　练习与思考

1. 请完成附带光盘中 exe4_1.prt 部件孔的加工。

提示：先创建顶面钻加工几何体，再创建顶面定心钻和钻孔工序，最后复制顶面钻加工几何体（及工序）并修改就得到其余面的孔加工工序。

2. 请完成附带光盘中 exe4_2.prt 部件孔的加工。

第 **5** 章

四轴加工

5.1 实例 1：旋转座四轴定向加工

本实例是一个旋转座零件，毛坯选择棒料，首先在数控车床上完成端面和外圆的加工，然后用四轴加工中心进行方形槽的铣削加工和孔的钻削加工，为缩短篇幅，本实例不涉及车削加工，也不讲解方形槽的精加工和孔的定心钻加工。

旋转座四轴定向加工工序（步）简略如下：

1）方形槽的铣削加工。

2）φ6mm 孔的钻削加工。

5.1.1 打开源文件

打开源文件 exa5_1.prt，结果如图 5-1 所示。

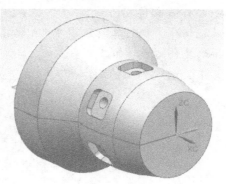

图 5-1　旋转座

5.1.2 部件分析

利用"分析"—"测量距离"命令可以测量旋转座方形槽长、宽分别为 15mm、15mm，孔直径为 6mm、深为 10mm，利用"局部半径"命令可以测量方形槽圆角半径为 3.3mm。

5.1.3 绘制毛坯

毛坯端面和外圆可以在数控车床上先加工好，然后在四轴加工中心上加工方形槽和孔即可。

选择"应用模块"—"建模"，进入建模模块。

为了绘图方便先隐藏部件，选择"菜单"—"插入"—"设计特征"—"旋转"，系统弹出"旋转"对话框，如图 5-2 所示设置，单击 ✹ 选择曲线 (0)，选择曲线规则： 相连曲线 ▼ ，如图 5-3 所示选择旋转曲线。

图 5-2 "旋转"对话框

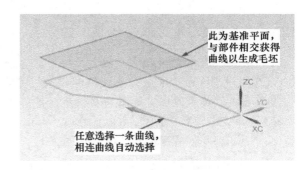

图 5-3 选择旋转曲线

单击 ✹ 指定矢量 ，选择旋转轴矢量，如图 5-4 所示；单击 ✹ 指定点 ，选择旋转轴线上一点，如图 5-5 所示；单击"确定"按钮，完成毛坯的创建。

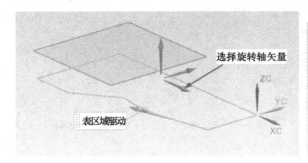

图 5-4 选择旋转轴矢量

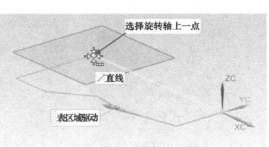

图 5-5 指定点

半透明显示毛坯，结果如图 5-6 所示。

5.1.4 加工环境配置

选择"应用模块"—"加工"，进入加工模块，系统弹出"加工环境"对话框，如图 5-7 所示设置，单击"确定"按钮，完成加工环境配置。

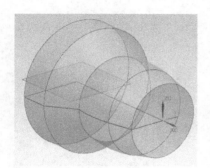

图 5-6 毛坯

图 5-7 加工环境配置

5.1.5 移动 WCS（工作坐标系）的原点

在工序导航器中显示几何视图，单击"+"展开 + ⟋ MCS_MILL，选择"菜单"—"格式"—"WCS"—"原点"命令，系统弹出"点"对话框，如图 5-8 所示设置。

选择毛坯右端面边缘，如图 5-9 所示，单击"点"对话框的"确定"按钮，将 WCS（工作坐标系）的原点指定为毛坯右端面中心。

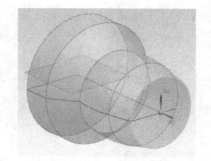

图 5-8 "点"对话框

图 5-9 指定 WCS（工作坐标系）的原点

5.1.6 移动 MCS（加工坐标系）的原点

如图 5-10 所示，在"工序导航器-几何"对话框中双击 ⟋ MCS_MILL，系统弹出"MCS 铣削"对话框，如图 5-11 所示。

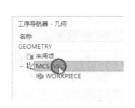

图 5-10 "工序导航器-几何"对话框

图 5-11 "MCS 铣削"对话框

单击"坐标系对话框"按钮，系统弹出"坐标系"对话框，如图 5-12 所示设置；单击"确定"按钮，完成加工坐标系原点的指定，结果如图 5-13 所示。

图 5-12 "坐标系"对话框

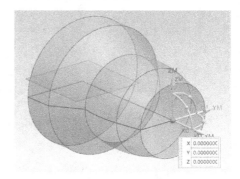

图 5-13 MCS 与 WCS 原点重合

如图 5-14 所示，在"MCS 铣削"对话框中"安全设置选项"选择"平面"；按"Ctrl+Shift+B"键隐藏毛坯显示部件，如图 5-15 所示，选择孔上表面，设置"距离"为 10，即指定安全平面距离孔上表面 10mm；单击"确定"按钮，完成 MCS 原点和安全平面的指定。

图 5-14 "MCS 铣削"对话框

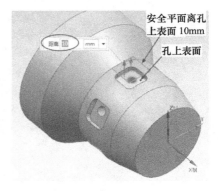

图 5-15 设置安全平面

 说明：

若刀轴转换时撞刀，请设置安全平面。

5.1.7　指定部件、毛坯几何体

　　如图 5-16 所示，在"工序导航器-几何"对话框中双击 WORKPIECE，系统弹出"工件"对话框，如图 5-17 所示，单击"指定部件"按钮，选择部件；单击"确定"按钮，按"Ctrl+Shift+B"键显示毛坯；单击"指定毛坯"按钮，选择毛坯；两次单击"确定"按钮，完成部件、毛坯几何体的指定，按"Ctrl+Shift+B"键显示部件。

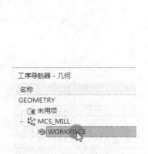

图 5-16　"工序导航器-几何"对话框　　　　　图 5-17　"工件"对话框

5.1.8　创建刀具

　　在工序导航器中显示机床视图，单击 按钮，系统弹出"创建刀具"对话框，如图 5-18 所示设置；单击"确定"按钮，系统弹出"铣刀-5 参数"对话框，如图 5-19 所示设置刀具参数；单击"确定"按钮，完成平底刀 D6R0 的创建。

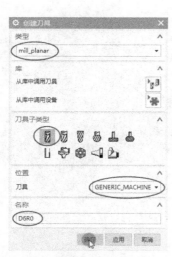

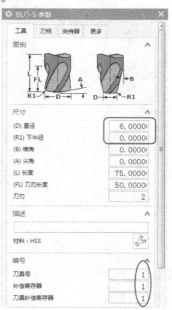

图 5-18　"创建刀具"对话框 1　　　　　图 5-19　"铣刀-5 参数"对话框

单击 （此处为正文按钮）按钮，系统弹出"创建刀具"对话框，如图 5-20 所示设置；单击"确定"按钮，系统弹出"钻刀"对话框，如图 5-21 所示设置刀具参数；单击"确定"按钮，完成钻头 DRILLING_TOOL_D6 的创建。

图 5-20 "创建刀具"对话框 2

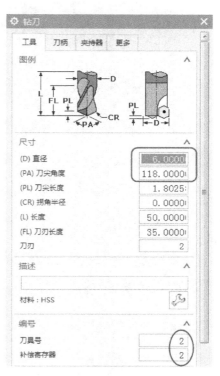

图 5-21 "钻刀"对话框

5.1.9　创建方形槽铣削加工工序

单击 按钮，系统弹出"创建工序"对话框，选择基本平面铣工序子类型，如图 5-22 所示设置参数；单击"确定"按钮，系统弹出"平面铣"对话框，如图 5-23 所示设置。

单击"指定部件边界"按钮，系统弹出"部件边界"对话框，如图 5-24 所示设置；单击 选择曲线 (0)，选择曲线规则：相切曲线 ，如图 5-25 所示，选择一边界曲线，系统自动选择相切的边界曲线。

单击 指定平面 ，如图 5-26 所示，选择方形槽底面，修改"距离"为 4.5；单击"部件边界"对话框的"确定"按钮，返回"平面铣"对话框。

单击"指定底面"按钮，系统弹出"平面"对话框，选择图 5-27 所示的方形槽底面，单击"确定"按钮，返回"平面铣"对话框。展开"刀轴"区段，如图 5-28 所示，设"轴"为"垂直于底面"。

单击"切削层"按钮，系统弹出"切削层"对话框，如图 5-29 所示设置，单击"确定"按钮，返回"平面铣"对话框。

图 5-23 "平面铣"对话框

图 5-22 "创建工序"对话框

图 5-24 "部件边界"对话框

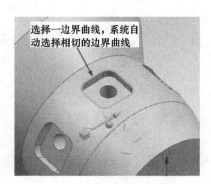

图 5-25 选择边界曲线

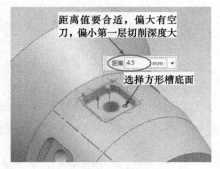

图 5-26 指定平面

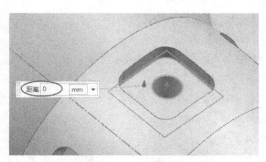

图 5-27 选择底面

图 5-28　刀轴垂直于底面

图 5-29　"切削层"对话框

单击"切削参数"按钮，系统弹出"切削参数"对话框，如图 5-30 所示设置切削顺序；单击"余量"选项卡，如图 5-31 所示设置余量参数。

图 5-30　"切削顺序"为"深度优先"

图 5-31　余量设置

单击"连接"选项卡，如图 5-32 所示设置，单击"确定"按钮，返回"平面铣"对话框。

单击"非切削移动"按钮，系统弹出"非切削移动"对话框，如图 5-33 所示设置，单击"确定"按钮，完成非切削移动的设置。

图 5-32　"连接"选项卡

图 5-33　"非切削移动"对话框

单击"进给率和速度"按钮🔧，系统弹出"进给率和速度"对话框，如图5-34所示设置，单击"确定"按钮，完成进给率和速度的设置。

单击"平面铣"对话框中的"生成"按钮📄，系统生成刀具轨迹，如图5-35所示。

单击"确认"按钮📄，系统弹出"刀轨可视化"对话框，选择 3D 动态，单击"播放"按钮▶，仿真结束后单击"刀轨可视化"对话框的 分析 按钮，然后单击加工面，可测量其加工余量，如图5-36所示，最后3次单击"确定"按钮，完成一个方形槽铣削加工工序的创建。

图5-34 "进给率和速度"对话框

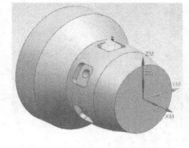

图5-35 生成刀具轨迹

图5-36 仿真分析

5.1.10 创建 ϕ 6mm 孔的钻削加工工序

单击 🔧 按钮，系统弹出"创建工序"对话框，选择钻孔工序子类型，如图5-37所示设置参数；单击"确定"按钮，系统弹出"钻孔"对话框，如图5-38所示。

图5-37 "创建工序"对话框

图5-38 "钻孔"对话框

单击"指定孔"按钮 ，然后单击"选择"按钮，选择图 5-39 所示 ϕ 6mm 的孔，最后两次单击"确定"按钮，完成孔的指定。

单击"指定顶面"按钮 ，系统弹出"顶面"对话框，如图 5-40 所示设置；选择孔上表面，如图 5-41 所示；单击"确定"按钮，返回"钻孔"对话框。

展开"刀轴"区段，设"轴"为"垂直于部件面"，如图 5-42 所示。

图 5-39　选择ϕ6mm 的孔

图 5-40　"顶面"对话框

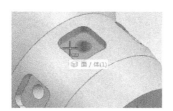

图 5-41　选择孔上表面

图 5-42　刀轴垂直于部件面

单击钻孔循环"编辑参数"按钮 ，系统弹出"指定参数组"对话框；单击"确定"按钮，系统弹出"Cycle 参数"对话框，如图 5-43 所示设置；单击"确定"按钮，返回"钻孔"对话框。

单击"进给率和速度"按钮 ，系统弹出"进给率和速度"对话框，如图 5-44 所示设置；单击"确定"按钮，完成进给率和速度的设置。

图 5-43　钻孔循环参数设置

图 5-44　"进给率和速度"对话框

单击"钻孔"对话框中的"生成"按钮 ，系统生成刀具轨迹，如图5-45所示。

单击"确认"按钮 ，系统弹出"刀轨可视化"对话框，单击 碰撞设置 按钮，进行碰撞设置，选择 3D动态 ，单击"播放"按钮 ，仿真结果如图5-46所示；两次单击"确定"按钮，完成一个φ6mm孔的钻削加工工序的创建。

图5-45 生成刀具轨迹

图5-46 仿真结果

5.1.11 创建其余方形槽铣削加工工序

选择平面铣工序 PLANAR_MILL ，单击右键，选择"对象"—"变换"命令，系统弹出"变换"对话框，如图5-47所示设置。

如图5-48所示，选择部件两端面圆心，单击"确定"按钮，即可创建其余方形槽铣削加工工序，如图5-49所示，其刀具路径如图5-50所示。

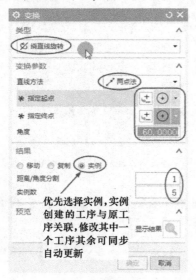

图5-47 "变换"对话框

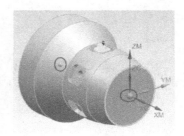

图5-48 选择部件两端面圆心

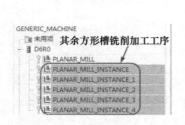

图5-49 其余方形槽铣削加工工序

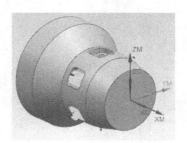

图5-50 其余方形槽铣削加工刀具路径

5.1.12 创建其余φ6mm 孔的钻削加工工序

选择钻加工工序 ⩕ DRILLING，单击右键，选择"对象"—"变换"命令，系统弹出"变换"对话框，如图 5-51 所示设置。

如图 5-52 所示，选择部件两端面圆心，单击"确定"按钮，即可创建其余φ6mm 孔的钻削加工工序，如图 5-53 所示，其刀具路径如图 5-54 所示。

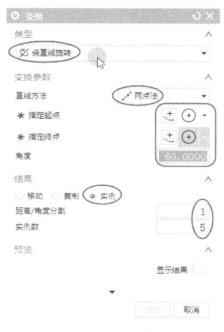

图 5-51 "变换"对话框

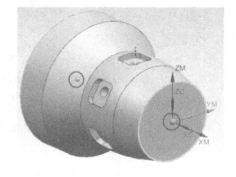

图 5-52 选择部件两端面圆心

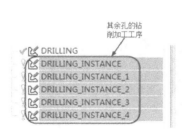

图 5-53 其余孔的钻削加工工序

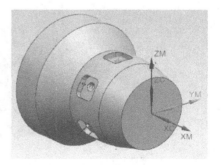

图 5-54 其余孔的钻削加工刀具路径

5.1.13 调整各工序顺序

在工序导航器中显示程序顺序视图，按刀具集中原则调整各工序顺序，以减少换刀次数，提高劳动生产率，结果如图 5-55 所示。

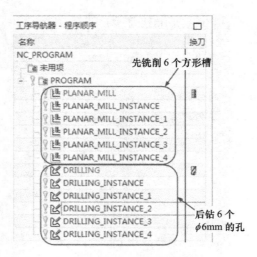

图 5-55　调整各工序顺序

5.1.14　全部工序仿真加工

全部工序仿真加工的目的是检查刀轴转换时是否撞刀。在"工序导航器-程序"对话框中选择 PROGRAM，单击"确认刀轨"按钮 ，系统弹出"刀轨可视化"对话框；单击 碰撞设置 按钮，进行碰撞设置，选择 3D 动态，单击"播放"按钮 ，仿真结果如图 5-56 所示；单击"确定"按钮完成仿真。

图 5-56　仿真结果

5.1.15　后处理

在"工序导航器-程序"对话框中选择 PROGRAM，单击 按钮，系统弹出"后处理"对话框，如图 5-57 所示设置；单击"确定"按钮，后处理结果如图 5-58 所示。

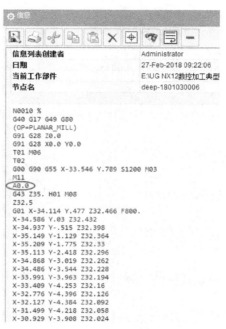

图 5-57 "后处理"对话框　　　　图 5-58 后处理得到的数控加工程序

5.1.16 四轴定向加工小结

四轴定向加工也叫定轴加工,本质上是 X、Y、Z 三轴联动加工,第四轴(旋转轴)间歇运动实现分度,第四轴本质上相当于一个分度头的作用,与 X、Y、Z 三轴不能联动。四轴定向加工可以一次装夹完成多个面的加工,缩短了辅助时间,提高了企业生产效率和产品的加工精度。

5.1.17 练习与思考

1. 请将本实例增加定心钻加工工序。
2. 请完成附带光盘中 exe5_1.prt 部件的加工。

提示:用型腔铣加工。

5.2 实例 2:圆柱凸轮四轴联动加工

本实例是一个圆柱凸轮零件,毛坯选择棒料,首先在数控车床上完成端面、内外圆及倒角的加工,然后用四轴加工中心进行凸轮槽的铣削加工。为缩短篇幅,本实例不涉及车削加工,也不考虑左端面槽的铣削加工。

圆柱凸轮四轴联动加工工序(步)简略如下:

1)凸轮槽粗加工。

2)凸轮槽左侧面精加工。

3)凸轮槽右侧面精加工。

5.2.1 打开源文件

打开源文件 exa5_2.prt，结果如图 5-59 所示。

图 5-59　打开圆柱凸轮文件

5.2.2 部件分析

利用"分析"—"测量距离"命令可以测量圆柱凸轮外径为 ϕ 90mm、孔径为 ϕ 56mm、长为 80mm、槽宽为 19.2mm、槽深为 10mm。倒角为 C2mm。

5.2.3 绘制毛坯

选择"应用模块"—"建模"，进入建模模块。

显示 WCS（工作坐标系），并将 WCS 原点指定为部件右端面的中心，如图 5-60 所示。

选择"菜单"—"插入"—"设计特征"—"圆柱"命令，系统弹出"圆柱"对话框，如图 5-61 所示设置；选择部件右端面中心，如图 5-62 所示；单击"圆柱"对话框的"确定"按钮，完成圆柱的创建，隐藏部件并透明显示，结果如图 5-63 所示。

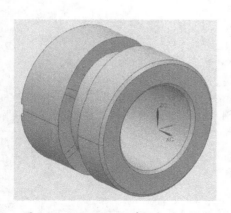

图 5-60　显示 WCS 并指定原点位置

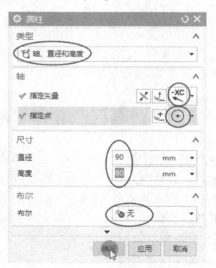

图 5-61　"圆柱"对话框

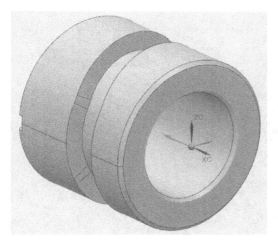

图 5-62　选择右端面中心

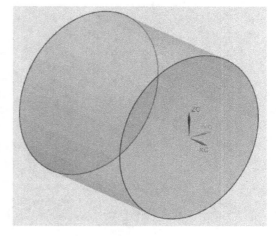

图 5-63　圆柱

单击 ⬚孔按钮，系统弹出"孔"对话框，如图 5-64 所示设置。

选择右端面的中心点，如图 5-65 所示，单击"孔"对话框的"确定"按钮，完成孔的创建，如图 5-66 所示。

单击"倒斜角"按钮 ⬚，系统弹出"倒斜角"对话框，如图 5-67 所示设置；选择倒斜角的边，如图 5-68 所示；单击"倒斜角"对话框的"确定"按钮，完成倒斜角，结果如图 5-69 所示。

图 5-64　"孔"对话框

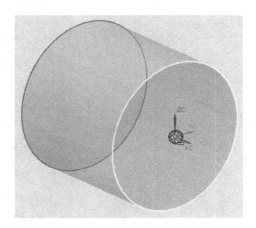

图 5-65　指定点

131

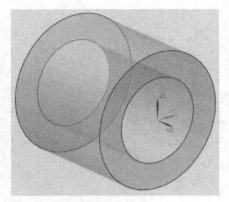

图 5-66　创建孔

图 5-67　"倒斜角"对话框

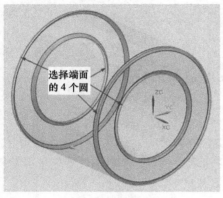

图 5-68　选择倒角的边

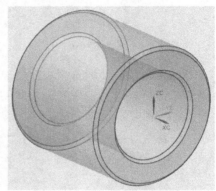

图 5-69　倒斜角结果

5.2.4　加工环境配置

选择"应用模块"—"加工",进入加工模块,系统弹出"加工环境"对话框,如图 5-70 所示设置;单击"确定"按钮,完成加工环境的配置。

图 5-70　加工环境配置

5.2.5 移动 MCS（加工坐标系）的原点

在"工序导航器-几何"对话框中，单击"+"展开 ，如图 5-71 所示，双击 MCS，系统弹出"MCS"对话框，如图 5-72 所示。

图 5-71 "工序导航器-几何"对话框   图 5-72 "MCS"对话框

单击"坐标系对话框"按钮，系统弹出"坐标系"对话框，如图 5-73 所示设置；两次单击"确定"按钮，完成加工坐标系原点的指定，结果如图 5-74 所示。

图 5-73 "坐标系"对话框

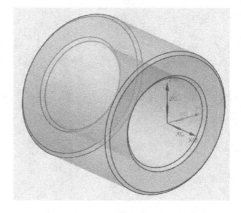

图 5-74 MCS 与 WCS 原点重合

5.2.6 指定毛坯几何体

在工序导航器显示几何视图，双击 WORKPIECE，系统弹出"工件"对话框；单击"指定毛坯"按钮，选择毛坯；两次单击"确定"按钮，完成毛坯几何体的指定；按"Ctrl+Shift+B"键，隐藏毛坯显示部件。

5.2.7 创建刀具

在工序导航器中显示机床视图，单击 按钮，系统弹出"创建刀具"对话框，如图 5-75 所示设置；单击"确定"按钮，系统弹出"铣刀-5 参数"对话框，如图 5-76 所示设置刀具参数；单击"确定"按钮，完成键槽铣刀 D16R0 的创建。

图 5-75 "创建刀具"对话框 1

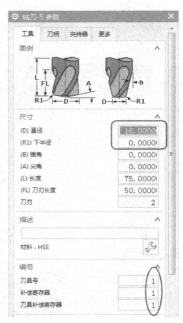

图 5-76 "铣刀-5 参数"对话框 2

当采用直接进刀，并且每层切削深度较大时，应该使用键槽铣刀或端刃过中心的平底刀。

单击 按钮，系统弹出"创建刀具"对话框，如图 5-77 所示设置；单击"确定"按钮，系统弹出"铣刀-5 参数"对话框，如图 5-78 所示设置刀具参数；单击"确定"按钮，完成平底刀 D12R0 的创建。

图 5-77 "创建刀具"对话框 2

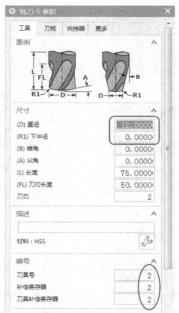

图 5-78 "铣刀-5 参数"对话框 2

5.2.8 绘制驱动曲线

如图 5-79 所示，单击"在面上偏置曲线"（可通过命令查找器找到），系统弹出"在面上偏置曲线"对话框，按如图 5-80 所示设置。

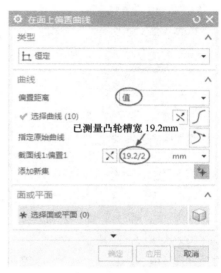

图 5-79 "在面上偏置曲线"选项   图 5-80 "在面上偏置曲线"对话框

曲线规则：相切曲线，如图 5-81 所示，选择凸轮的一段边界曲线，相切边界曲线系统自动选择。

在"在面上偏置曲线"对话框中单击 选择面或平面 (0)，面规则：相切面，选择图 5-82 所示圆柱面，系统自动选择相切的面，结果如图 5-83 所示。

单击"反向"按钮，"在面上偏置曲线"对话框单击"确定"按钮，结果如图 5-84 所示。

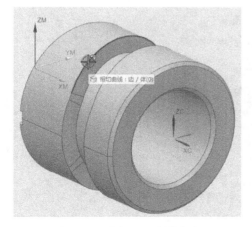

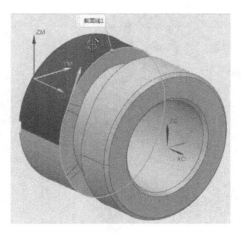

图 5-81 选择一段边界曲线   图 5-82 选择圆柱面

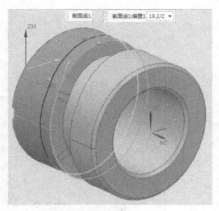

图 5-83　曲线偏置方向不对

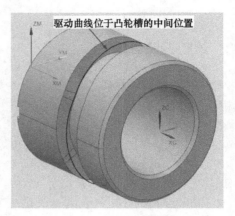

驱动曲线位于凸轮槽的中间位置

图 5-84　生成驱动曲线

5.2.9　创建圆柱凸轮粗加工工序

单击 按钮，系统弹出"创建工序"对话框，如图 5-85 所示设置。

单击"确定"按钮，系统弹出"可变轮廓铣"对话框，如图 5-86 所示；单击"指定部件"按钮 ，系统弹出"部件几何体"对话框，选择部件几何体；单击"确定"按钮，完成部件几何体的指定，如图 5-87 所示。

单击"指定切削区域"按钮 ，系统弹出"切削区域"对话框，选择凸轮槽底面，单击"确定"按钮，完成切削区域的指定，如图 5-87 所示。

"驱动方法"选择"曲线/点"，系统弹出"驱动方法"对话框，如图 5-88 所示；单击"确定"按钮，系统弹出"曲线/点驱动方法"对话框，如图 5-89 所示设置后选择一段曲线，系统自动选择相切曲线；单击"曲线/点驱动方法"对话框的"确定"按钮，完成驱动曲线的选择，系统返回"可变轮廓铣"对话框。

图 5-85　"创建工序"对话框

图 5-86　"可变轮廓铣"对话框

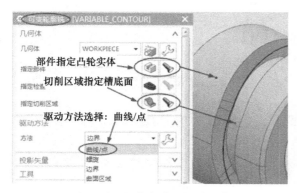

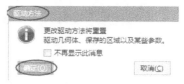

图 5-87　指定部件、切削区域　　　　图 5-88　"驱动方法"对话框

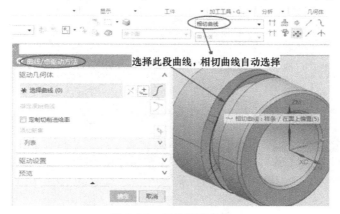

图 5-89　指定驱动曲线

如图 5-90 所示，设"投影矢量"为"刀轴"、"刀轴"为"远离直线"，系统弹出"远离直线"对话框，如图 5-91 所示，依次指定矢量和点（端面中心）；单击"远离直线"对话框的"确定"按钮，完成刀轴指定，系统返回"可变轮廓铣"对话框。

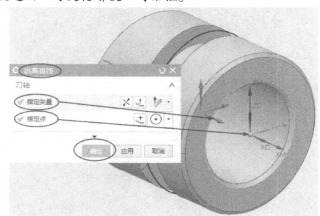

图 5-90　指定投影矢量　　　　　　图 5-91　指定矢量和点

如图 5-92 所示，"方法"选择 MILL_ROUGH，单击"切削参数"按钮 ，系统弹出"切削参数"对话框；如图 5-93 所示，"部件余量偏置"设为 10.0000（已测量槽深度为 10.0000），"刀路数"设为 8；如图 5-94 所示，"部件余量"设为 0.2000，公差设为 0.0300；单击"切削参数"对话

框的"确定"按钮，完成切削参数的设置。

系统返回"可变轮廓铣"对话框，单击"非切削移动"按钮▦，系统弹出"非切削移动"对话框，如图 5-95 所示设置，单击"确定"按钮。

系统返回"可变轮廓铣"对话框，单击"进给率和速度"按钮🗝，系统弹出"进给率和速度"对话框，如图 5-96 所示设置，单击"确定"按钮。

系统返回"可变轮廓铣"对话框，单击"生成"按钮▶，结果如图 5-97 所示。

图 5-92 "可变轮廓铣"对话框

图 5-93 "多刀路"选项卡

图 5-94 "余量"选项卡

图 5-95 "非切削移动"对话框

图 5-96 "进给率和速度"对话框

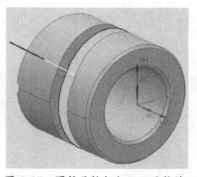

图 5-97 圆柱凸轮粗加工刀具轨迹

单击"确认"按钮 ，系统弹出"刀轨可视化"对话框，选择 3D 动态，单击"播放"按钮 ▶，仿真结束后单击"刀轨可视化"对话框的 分析 按钮，然后单击加工面，可测量其加工余量，如图 5-98 所示，最后三次单击"确定"按钮，完成圆柱凸轮粗加工工序的创建。

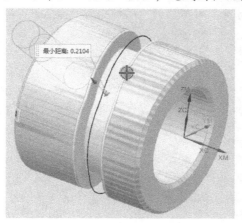

图 5-98　仿真分析

5.2.10　创建圆柱凸轮左侧面精加工工序

单击 按钮，系统弹出"创建工序"对话框，如图 5-99 所示设置。

单击"确定"按钮，系统弹出"可变轮廓铣"对话框，如图 5-100 所示。

图 5-99　"创建工序"对话框　　　　图 5-100　"可变轮廓铣"对话框

"驱动方法"选择"曲面区域"，系统弹出"驱动方法"对话框，如图 5-101 所示。

单击"确定"按钮，系统弹出"曲面区域驱动方法"对话框，如图 5-102 所示。单击"指定驱动几何体"按钮 ，系统弹出图 5-103 所示"驱动几何体"对话框。

如图 5-104 所示，依次选择凸轮槽左侧 8 个曲面，单击"确定"按钮，完成驱动几何体的选择，返回"曲面区域驱动方法"对话框，如图 5-105 所示。

"切削区域"选择"曲面%"，系统弹出"曲面百分比方法"对话框，如图5-106所示，不需要修改参数，单击"确定"按钮，返回"曲面区域驱动方法"对话框，"刀具位置"选择"相切"；单击"切削方向"按钮，如图5-107所示，选择切削方向，另一方向即为步距方向。

单击"曲面区域驱动方法"对话框的"材料反向"按钮，检查材料侧方向，如图5-108所示。

图5-102　"曲面区域驱动方法"对话框1

图5-101　"驱动方法"对话框

图5-103　"驱动几何体"对话框

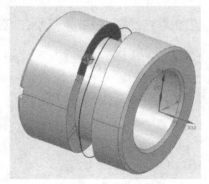

图5-105　"曲面区域驱动方法"对话框2

图5-104　指定驱动几何体

图5-106　"曲面百分比方法"对话框

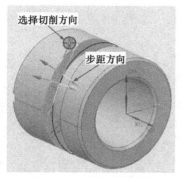

图 5-107　选择切削方向

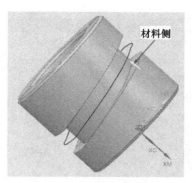

图 5-108　检查材料侧方向

接下来对"曲面区域驱动方法"对话框其余参数进行设置，"切削模式"设为"往复"，"步距"设为"数量"，"步距数"设为 10，单击"确定"按钮，返回"可变轮廓铣"对话框。

如图 5-109 所示，指定投影"矢量"为"垂直于驱动体"；如图 5-110 所示，指定"刀轴"的"轴"为"远离直线"，系统弹出"远离直线"对话框，如图 5-91 所示，依次指定矢量和点（端面中心）；单击"远离直线"对话框的"确定"按钮，完成刀轴指定，系统返回"可变轮廓铣"对话框。

图 5-109　指定投影矢量

图 5-110　指定刀轴

单击"切削参数"按钮，系统弹出"切削参数"对话框，如图 5-111 所示设置余量参数，单击"切削参数"对话框的"确定"按钮，完成切削参数的设置。

系统返回"可变轮廓铣"对话框，单击"非切削移动"按钮，系统弹出"非切削移动"对话框，如图 5-112 所示设置，单击"确定"按钮，系统返回"可变轮廓铣"对话框；单击"进给率和速度"按钮，系统弹出"进给率和速度"对话框，如图 5-113 所示设置；单击"确定"按钮，系统返回"可变轮廓铣"对话框，单击"生成"按钮，结果如图 5-114 所示。

图 5-111　设置余量、公差

图 5-112　"非切削移动"对话框

图 5-113 "进给率和速度"对话框

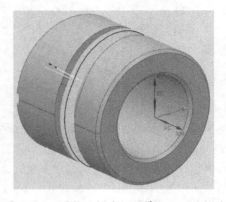

图 5-114 圆柱凸轮左侧面精加工刀具轨迹

单击"确认"按钮🎇,系统弹出"刀轨可视化"对话框,选择 3D动态,单击"播放"按钮 ▶,仿真结束后单击"刀轨可视化"对话框的 分析 按钮,然后单击加工面,可测量其加工余量,如图 5-115 所示,最后 3 次单击"确定"按钮,完成圆柱凸轮左侧面精加工工序的创建。

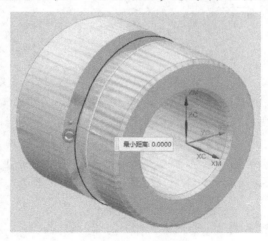

图 5-115 仿真分析

5.2.11 创建圆柱凸轮右侧面精加工工序

复制"VARIABLE_CONTOUR_1"工序,粘贴得到"VARIABLE_CONTOUR_1_COPY"工序,如图 5-116 所示;双击 VARIABLE_CONTOUR_1_COPY,系统弹出"可变轮廓铣"对话框,如图 5-117 所示。

单击"驱动方法"编辑按钮🖰,系统弹出"曲面区域驱动方法"对话框,如图 5-118 所示;单击"指定驱动几何体"按钮⬧,系统弹出"驱动几何体"对话框,如图 5-119 所示,多次单击"移除"按钮☒至完全删除原有驱动几何体为止。

图 5-116　复制并粘贴工序

图 5-117　"可变轮廓铣"对话框

图 5-118　"曲面区域驱动方法"对话框

图 5-119　"驱动几何体"对话框

重新依次选择凸轮槽右侧面作为驱动几何体，如图 5-120 所示，单击"驱动几何体"对话框的"确定"按钮，返回"曲面区域驱动方法"对话框。

单击"切削方向"按钮📇，如图 5-121 所示，选择切削方向，另一方向即为步距方向。

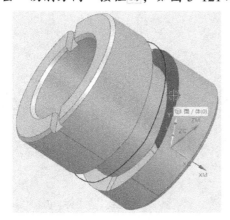

图 5-120　重选驱动几何体

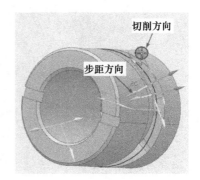

图 5-121　选择切削方向

单击"曲面区域驱动方法"对话框的"材料反向"按钮⊠，检查材料侧方向，如图5-122所示。

单击"确定"按钮，系统返回"可变轮廓铣"对话框，单击"生成"按钮▐▀，结果如图5-123所示。

图 5-122　检查材料侧方向

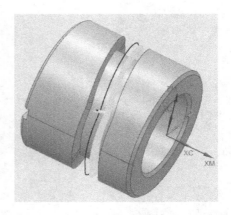

图 5-123　圆柱凸轮右侧面精加工刀具轨迹

单击"确认"按钮▓，系统弹出"刀轨可视化"对话框，选择 3D动态，单击"播放"按钮▶，仿真结束后单击"刀轨可视化"对话框的 分析 按钮，然后单击加工面，可测量其加工余量，如图5-124所示，最后三次单击"确定"按钮，完成圆柱凸轮右侧面精加工工序的创建，如图5-125所示，至此凸轮各加工工序创建完毕。

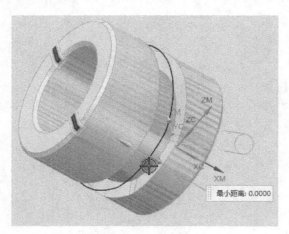

图 5-124　仿真结果分析

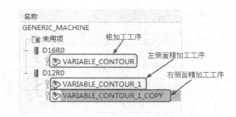

图 5-125　凸轮各加工工序

5.2.12　后处理

在"工序导航器-程序"对话框中选择 PROGRAM，单击 后处理 按钮，系统弹出"后处理"对话框，如图5-126所示设置；单击"确定"按钮，后处理结果如图5-127所示。

图 5-126 "后处理"对话框

图 5-127 后处理得到的数控加工程序

5.2.13 四轴联动加工小结

四轴联动加工是三个移动轴（X、Y、Z 轴）和一个旋转轴（A 轴）联动加工，圆柱凸轮加工是四轴加工较典型的案例，曲线/点和曲面区域是四轴联动加工常用的驱动方法。

5.2.14 练习与思考

1. 请尝试用曲线/点驱动方法精加工凸轮槽侧面。
2. 请完成附带光盘中 exe5_2.prt 部件的加工。

提示： 用可变轮廓铣曲面区域驱动加工。

第6章

五轴加工

6.1 实例1：四棱柱五轴定向加工

四棱柱是五轴机床验收试切的一个典型零件，目的是检验机床精度和后处理参数，毛坯是铝合金棒料（ϕ100 mm×100 mm），毛坯端面可以先在车床上进行精加工，然后用五轴加工中心进行定向铣削加工。

四棱柱五轴定向加工工序（步）如下：

1）四棱柱的铣削加工。

2）方形槽的铣削加工。

3）孔的铣削加工。

4）圆柱的铣削加工。

6.1.1 打开源文件

打开源文件 exa6_1.prt，结果如图6-1所示。

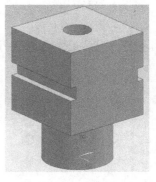

图6-1 四棱柱

6.1.2 部件分析

利用"分析"—"测量距离"命令可以测量零件上半部分四棱柱长、宽、高尺寸分别为65 mm、65 mm、65 mm（顶面对角线长91.92 mm），方形槽宽为10 mm，深为5 mm；顶面孔为ϕ20 mm×10 mm，侧面孔为ϕ20 mm×7.5 mm；下半部分圆柱为ϕ50 mm×35 mm；零件总高为100 mm。

6.1.3 绘制毛坯

选择"应用模块"—"建模"，进入建模模块。

选择"菜单"—"插入"—"设计特征"—"圆柱"命令，系统弹出"圆柱"对话框，如图6-2所示设置。

如图6-3所示，指定矢量（ZC轴）和点（圆柱端面中心），单击"圆柱"对话框的"确定"按钮，完成圆柱毛坯的创建。隐藏部件并透明（透明度40）显示毛坯，结果如图6-4所示。

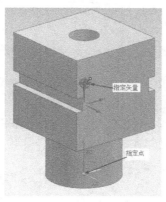

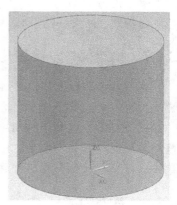

图 6-2 "圆柱"对话框   图 6-3 指定矢量、点   图 6-4 圆柱毛坯

6.1.4 加工环境配置

选择"应用模块"—"加工",进入加工模块,系统弹出"加工环境"对话框,如图 6-5 所示设置,单击"确定"按钮,完成加工环境的配置。

6.1.5 移动 WCS(工作坐标系)的原点

选择"菜单"—"格式"—"WCS"—"原点"命令,将 WCS 原点指定为毛坯上表面的中心,如图 6-6 所示。

图 6-5 加工环境配置   图 6-6 指定 WCS 原点位置

6.1.6 移动 MCS(加工坐标系)的原点

在工序导航器的几何视图中,单击"+"展开 ➕🗽 MCS,双击 🗽 MCS,系统弹出"MCS"对

话框，单击"坐标系对话框"按钮 🖳，系统弹出"坐标系"对话框，"参考"设为"WCS"。两次单击"确定"按钮，完成加工坐标系原点的指定，结果如图 6-7 所示。

6.1.7 指定部件、毛坯几何体

在"工序导航器-几何"对话框中双击 💠 WORKPIECE ，系统弹出"工件"对话框，单击"指定毛坯"按钮 📦，选择毛坯，单击"确定"按钮，完成毛坯几何体的指定，按"Ctrl+Shift+B"键隐藏毛坯显示部件；单击"指定部件"按钮 📦，选择部件，两次单击"确定"按钮，完成部件、毛坯几何体的指定。

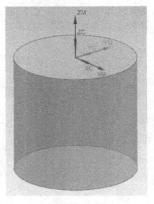

图 6-7 指定 MCS 原点位置

6.1.8 创建刀具

在工序导航器中显示机床视图，单击 🔧 按钮，系统弹出"创建刀具"对话框，如图 6-8 所示设置，单击"确定"按钮，系统弹出"铣刀-5 参数"对话框，如图 6-9 所示设置刀具参数，单击"确定"按钮，完成平底刀 D30R0 的创建。

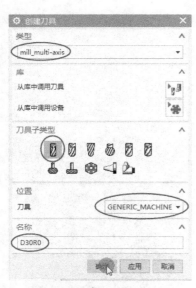

图 6-8 "创建刀具"对话框 1

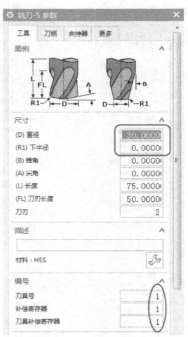

图 6-9 "铣刀-5 参数"对话框 1

> **说明：**
> 当加工较大平面时，还可以采用直径更大的面铣刀。

单击 🔧 按钮，系统弹出"创建刀具"对话框，如图 6-10 所示设置；单击"确定"按钮，系统弹出"铣刀-5 参数"对话框，如图 6-11 所示设置刀具参数；单击"确定"按钮，完成平底刀 D8R0 的创建。

图 6-10 "创建刀具"对话框 2

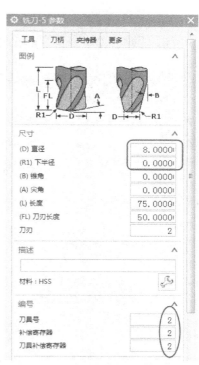

图 6-11 "铣刀-5 参数"对话框 2

6.1.9 创建检查几何体

选择"应用模块"—"建模",进入建模模块。单击 ⊞ 拉伸 按钮(可通过命令查找器查找),
系统弹出"拉伸"对话框,如图 6-12 所示设置。

如图 6-13 所示,选择四棱柱一条边,单击"拉伸"对话框的"确定"按钮,完成检查几
何体的创建,结果如图 6-14 所示。

图 6-12 "拉伸"对话框

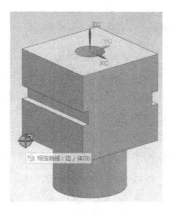

图 6-13 选择一条边

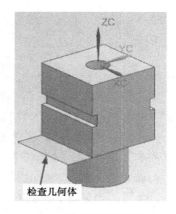

图 6-14 检查几何体

6.1.10 创建四棱柱一个面的铣削加工工序

选择"应用模块"—"加工",进入加工模块。单击左侧边条的"工序导航器"按钮 ,
显示工序导航器。

单击 按钮,系统弹出"创建工序"对话框,如图 6-15 所示设置。单击"确定"按钮,
系统弹出"型腔铣"对话框,如图 6-16 所示。

图 6-15 "创建工序"对话框   图 6-16 "型腔铣"对话框

单击"指定检查"按钮 ,系统弹出"检查几何体"对话框,类型过滤器: ,
选择图 6-14 所示检查几何体,单击"确定"按钮,完成检查几何体的指定。

单击"指定切削区域"按钮 ,系统弹出"切削区域"对话框,如图 6-17 所示选择,单
击"确定"按钮,完成切削区域的指定。

在"型腔铣"对话框中展开"刀轴"区段,如图 6-18 所示,"轴"设为"指定矢量","指
定矢量"选择 ,选择图 6-19 所示平面,其法线方向作为刀轴矢量方向。

检查和修改"刀轨设置"区段参数,如图 6-20 所示设置。

单击"切削层"按钮 ,系统弹出"切削层"对话框,如图 6-21 所示,通常不需要修改,
单击"确定"按钮,关闭"切削层"对话框。

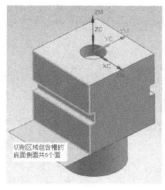

图 6-17 指定切削区域

图 6-18 刀轴设置

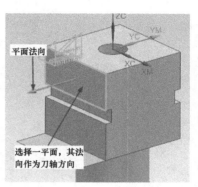

图 6-19 选择平面

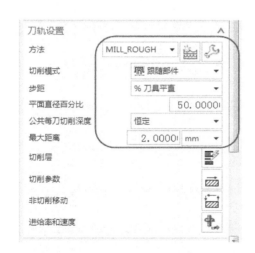

图 6-20 检查并设置"刀轨设置"区段参数

图 6-21 "切削层"对话框

单击"切削参数"按钮 🖾，系统弹出"切削参数"对话框，单击"连接"选项卡，如图 6-22 所示设置；单击"余量"选项卡，如图 6-23 所示设置余量参数；单击"策略"选项卡，如图 6-24 所示设置；单击"确定"按钮，返回"型腔铣"对话框。

单击"非切削移动"按钮 🖾，系统弹出"非切削移动"对话框，如图 6-25 所示设置，单击"确定"按钮，返回"型腔铣"对话框。

单击"进给率和速度"按钮 🐾，系统弹出"进给率和速度"对话框，如图 6-26 所示设置，单击"确定"按钮，完成进给率和速度的设置。

单击"型腔铣"对话框中的"生成"按钮 📄，系统生成刀具轨迹，如图 6-27 所示。

图 6-22 "连接"选项卡

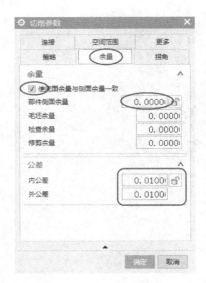

图 6-23 余量参数设置

图 6-24 "策略"选项卡

图 6-25 "非切削移动"对话框

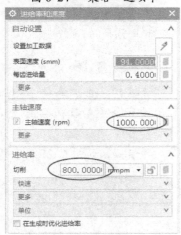

图 6-26 "进给率和速度"对话框

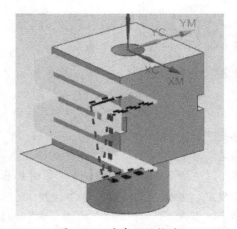

图 6-27 生成刀具轨迹

单击"确认"按钮 ![], 系统弹出 "刀轨可视化"对话框, 选择 3D 动态, 单击"播放"按钮 ▶, 仿真结束后单击"刀轨可视化"对话框的 分析 按钮, 然后单击加工面, 测量其加工余量, 如图 6-28 所示, 最后 3 次单击"确定"按钮, 完成四棱柱一个面的铣削加工工序的创建。

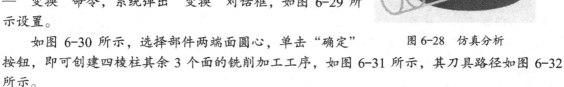

图 6-28 仿真分析

6.1.11 创建四棱柱其余 3 个面的铣削加工工序

选择型腔铣工序 ![]CAVITY_MILL, 单击右键, 选择"对象" ——"变换"命令, 系统弹出"变换"对话框, 如图 6-29 所示设置。

如图 6-30 所示, 选择部件两端面圆心, 单击"确定"按钮, 即可创建四棱柱其余 3 个面的铣削加工工序, 如图 6-31 所示, 其刀具路径如图 6-32 所示。

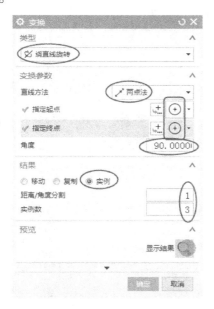

图 6-29 "变换"对话框

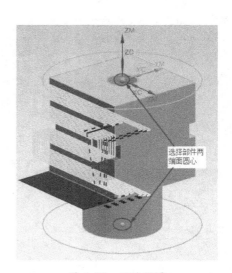

图 6-30 两端面圆心

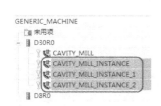

图 6-31 其余 3 个面的铣削加工工序

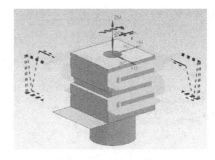

图 6-32 其余 3 个面的铣削加工刀具路径

单击 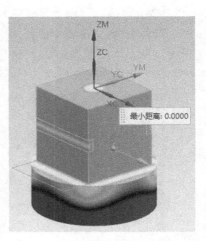 按钮，系统弹出"刀轨可视化"对话框，选择 3D 动态，单击"播放"按钮 ▶，仿真结束后单击"刀轨可视化"对话框的 分析 按钮，然后单击加工面，测量其加工余量，如图 6-33 所示，最后两次单击"确定"按钮，结束仿真。

6.1.12 创建四棱柱前面方形槽的铣削加工工序

单击 按钮，系统弹出"创建工序"对话框，选择底壁铣工序子类型 ，如图 6-34 所示设置参数；单击"确定"按钮，系统弹出"底壁铣"对话框，如图 6-35 所示。

单击"指定切削区底面"按钮 ，系统弹出"切削区域"对话框，如图 6-36 所示选择前面方形槽底面；单击"确定"按钮，完成切削区底面的指定，返回"底壁铣"对话框。

图 6-33 仿真结果分析

展开"工具"和"刀轴"区段，刀具和刀轴如图 6-37 所示设置，检查和修改"刀轨设置"区段参数，如图 6-38 所示设置。

单击"切削参数"按钮 ，系统弹出"切削参数"对话框，单击"连接"选项卡，如图 6-39 所示设置；单击"余量"选项卡，如图 6-40 所示设置。

单击"策略"选项卡，如图 6-41 所示设置；单击"确定"按钮，完成切削参数的设置。

图 6-34 "创建工序"对话框

图 6-35 "底壁铣"对话框

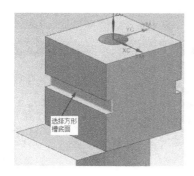

图 6-36　指定切削区底面

图 6-37　检查刀具、刀轴

图 6-38　检查并设置"刀轨设置"区段参数

图 6-39　"连接"选项卡

图 6-40　余量参数设置

图 6-41　"策略"选项卡

单击"非切削移动"按钮，系统弹出"非切削移动"对话框，如图 6-42 所示设置；单击"确定"按钮，完成非切削移动的设置。

单击"进给率和速度"按钮，系统弹出"进给率和速度"对话框，如图 6-43 所示设置；

单击"确定"按钮，完成进给率和速度的设置。

图 6-42 "非切削移动"对话框　　　　图 6-43 "进给率和速度"对话框

单击"底壁铣"对话框中的"生成"按钮，系统生成刀具轨迹，如图 6-44 所示。

单击"确认"按钮，系统弹出"刀轨可视化"对话框，选择 3D 动态，单击"播放"按钮，仿真完成后单击"刀轨可视化"对话框的 分析 按钮，然后单击各加工面，测量其加工余量，如图 6-45 所示，最后三次单击"确定"按钮，完成四棱柱前面方形槽的铣削加工工序的创建。

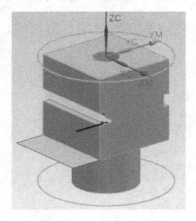

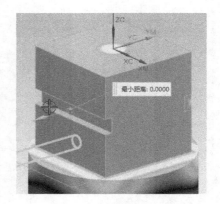

图 6-44 生成刀具轨迹　　　　　　图 6-45 仿真结果分析

6.1.13 创建四棱柱后面方形槽的铣削加工工序

复制工序 FLOOR_WALL 并粘贴得到工序 FLOOR_WALL_COPY，如图 6-46 所示。双击工序 FLOOR_WALL_COPY，系统弹出"底壁铣"对话框，如图 6-47 所示。

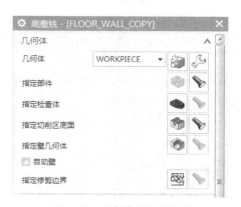

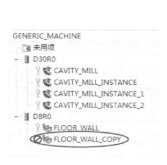

图 6-46　复制并粘贴工序

图 6-47　"底壁铣"对话框

　　单击"指定切削区底面"按钮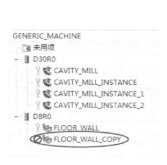，系统弹出"切削区域"对话框，如图 6-48 所示；单击
"移除"按钮✕，删除原来的底面，选择后面方形槽底面，如图 6-49 所示；单击"确定"按
钮，返回"底壁铣"对话框。

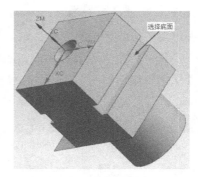

图 6-48　"切削区域"对话框

图 6-49　重新选择底面

　　单击"底壁铣"对话框中的"生成"按钮，系统生成刀具轨迹，如图 6-50 所示。
　　单击"确认"按钮，系统弹出"刀轨可视化"对话框，选择 3D 动态，单击"播放"按钮
，仿真结束后单击"刀轨可视化"对话框的 分析 按钮，然后单击加工面，测量其加工余量，
如图 6-51 所示，最后三次单击"确定"按钮，完成四棱柱后面方形槽的铣削加工工序的创建。

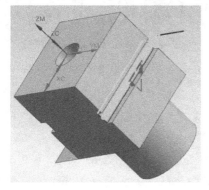

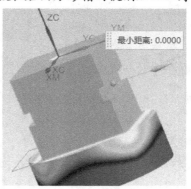

图 6-50　生成刀具轨迹

图 6-51　仿真结果分析

6.1.14 创建四棱柱顶面孔的铣削加工工序

复制工序 FLOOR_WALL_COPY 并粘贴得到工序 FLOOR_WALL_COPY_COPY，如图 6-52 所示。双击工序 FLOOR_WALL_COPY_COPY，系统弹出"底壁铣"对话框，如图 6-53 所示。

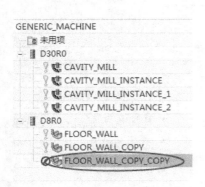

图 6-52　复制并粘贴工序　　　　　　　　　图 6-53　"底壁铣"对话框

单击"指定切削区底面"按钮，系统弹出"切削区域"对话框，如图 6-54 所示；单击"移除"按钮×，删除原来的底面，选择顶面孔底面，如图 6-55 所示；单击"确定"按钮，返回"底壁铣"对话框。

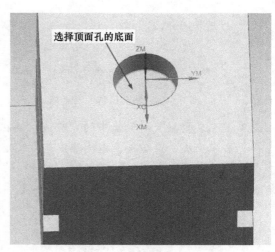

图 6-54　"切削区域"对话框　　　　　　　　　图 6-55　重新选择底面

检查和修改"刀轨设置"区段参数，如图 6-56 所示设置。

单击"底壁铣"对话框中的"生成"按钮，系统生成刀具轨迹，如图 6-57 所示。

单击"确认"按钮，系统弹出"刀轨可视化"对话框，选择 3D 动态，单击"播放"按钮 ▶，仿真结束后单击"刀轨可视化"对话框的 分析 按钮，然后单击加工面，测量其加工余量，如图 6-58 所示，最后 3 次单击"确定"按钮，完成四棱柱顶面孔的铣削加工工序的创建。

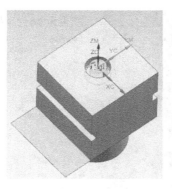

图 6-56 检查并设置"刀轨设置"区段参数　图 6-57 生成刀具轨迹　　　图 6-58 仿真结果分析

6.1.15 创建四棱柱侧面孔的铣削加工工序

复制工序 FLOOR_WALL_COPY_COPY 并粘贴得到工序 FLOOR_WALL_COPY_COPY_COPY ，如图 6-59 所示。双击工序 FLOOR_WALL_COPY_COPY_COPY ，系统弹出"底壁铣"对话框，如图 6-60 所示。

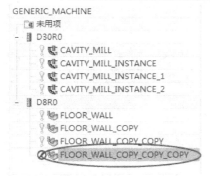

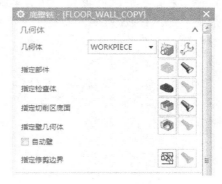

图 6-59 复制并粘贴工序　　　　　　　　　图 6-60 "底壁铣"对话框

单击"指定切削区底面"按钮 ，系统弹出"切削区域"对话框，如图 6-61 所示；单击"移除"按钮 ，删除原来的底面，选择侧面孔底面，如图 6-62 所示；单击"确定"按钮，返回"底壁铣"对话框。

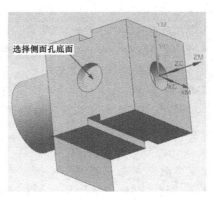

图 6-61 "切削区域"对话框　　　　　　　图 6-62 重新选择底面

159

检查和修改"刀轨设置"区段参数，如图 6-63 所示设置。

单击"底壁铣"对话框中的"生成"按钮，系统生成刀具轨迹，如图 6-64 所示。

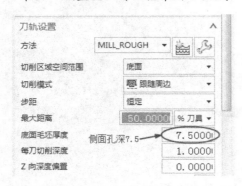

图 6-63　检查并设置"刀轨设置"区段参数

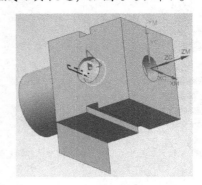

图 6-64　生成刀具轨迹

单击"确认"按钮，系统弹出"刀轨可视化"对话框，选择 3D 动态，单击"播放"按钮，仿真结束后单击"刀轨可视化"对话框的 分析 按钮，然后单击加工面，测量其加工余量，如图 6-65 所示，最后 3 次单击"确定"按钮，完成四棱柱侧面孔的铣削加工工序的创建。

> **说明：**
> 方形槽和孔的加工都采用底壁铣工序子类型进行加工，工序可以进行复制，只需要重新指定切削区底面和底面毛坯厚度两个参数，再重新生成刀具轨迹即可。

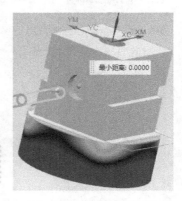

图 6-65　仿真结果分析

6.1.16　创建圆柱铣削加工工序

圆柱的铣削加工需要调头二次装夹，以已加工好的平面定位夹紧。

选择"菜单"—"格式"—"WCS"—"原点"命令，将 WCS 原点指定为圆柱端面的中心，如图 6-66 所示。

选择"菜单"—"格式"—"WCS"—"旋转"命令，旋转 WCS，结果如图 6-67 所示。

在工序导航器中显示几何视图，单击"+"展开 + WORKPIECE。

选择几何体 MCS，右击，选择"复制"，再右击，选择"粘贴"，结果如图 6-68 所示。

单击"+"展开 + MCS_COPY，再单击"+"展开 + WORKPIECE_COPY，结果如图 6-69 所示，删除几何体 WORKPIECE_COPY 下的所有工序，结果如图 6-70 所示。

双击 MCS_COPY，系统弹出"MCS"对话框，单击"坐标系对话框"按钮，系统弹出"坐标系"对话框，设"参考"为"WCS"。两次单击"确定"按钮，完成加工坐标系原点的指定，结果如图 6-71 所示。

单击 按钮，系统弹出"创建工序"对话框，选择基本平面铣工序子类型，如图 6-72 所示设置参数；单击"确定"按钮，系统弹出"平面铣"对话框，如图 6-73 所示。

单击"指定部件边界"按钮，系统弹出"部件边界"对话框，如图 6-74 所示。

选择一个水平面，如图 6-75 所示，单击"部件边界"对话框的"添加新集"按钮，再选择另一个水平面，单击"部件边界"对话框的"确定"按钮，完成部件边界的指定。

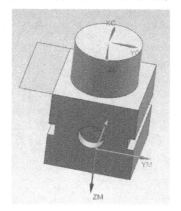

图 6-66　平移 WCS

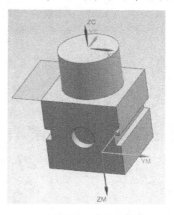

图 6-67　旋转 WCS

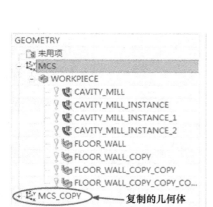

图 6-68　复制几何体

图 6-69　展开几何体

图 6-70　删除原来工序

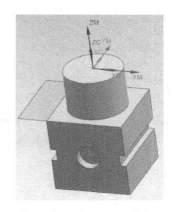

图 6-71　指定 MCS 原点位置

图 6-72 "创建工序"对话框

图 6-73 "平面铣"对话框

图 6-74 "部件边界"对话框

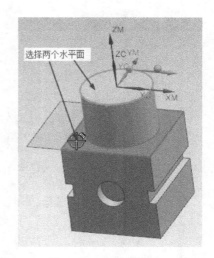

图 6-75 选择两平面

按"Ctrl+Shift+B"键隐藏部件显示毛坯，单击"指定毛坯边界"按钮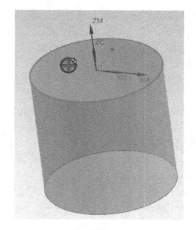，系统弹出"毛坯边界"对话框，如图 6-76 所示。

选择毛坯端面，如图 6-77 所示，单击"确定"按钮，完成毛坯边界的指定。

图 6-76 "毛坯边界"对话框

图 6-77 选择毛坯端面

按"Ctrl+Shift+B"键隐藏毛坯显示部件，单击"指定底面"按钮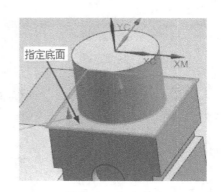，系统弹出"平面"对话框，如图 6-78 所示；选择底面，如图 6-79 所示；单击"确定"按钮，完成底面的指定。

图 6-78 "平面"对话框

图 6-79 指定底面

展开"工具"和"刀轴"区段，刀具和刀轴如图 6-80 所示设置，检查和修改"刀轨设置"区段参数，如图 6-81 所示设置。

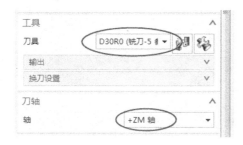

图 6-80 检查刀具、刀轴

图 6-81 检查并设置"刀轨设置"区段参数

　　单击"切削层"按钮▤，系统弹出"切削层"对话框，如图 6-82 所示设置；单击"确定"按钮，完成切削层的设置。

　　单击"切削参数"按钮▦，系统弹出"切削参数"对话框，单击"连接"选项卡，如图 6-83 所示设置；单击"余量"选项卡，如图 6-84 所示设置余量参数；单击"策略"选项卡，如图 6-85 所示设置；单击"确定"按钮，返回"平面铣"对话框。

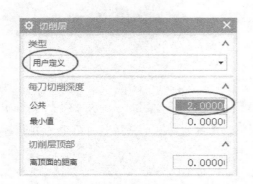

图 6-82 "切削层"对话框

图 6-83 "连接"选项卡

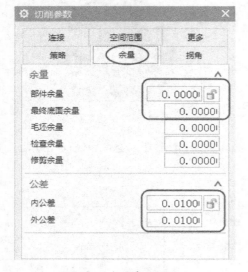

图 6-84 余量参数设置

图 6-85 "策略"选项卡

　　单击"非切削移动"按钮▤，系统弹出"非切削移动"对话框，如图 6-86 所示设置；单击"确定"按钮，返回"平面铣"对话框。

单击"进给率和速度"按钮 🔩，系统弹出"进给率和速度"对话框，如图 6-87 所示设置；单击"确定"按钮，完成进给率和速度的设置。

图 6-86 "非切削移动"对话框　　　　　　　　图 6-87 "进给率和速度"对话框

单击"平面铣"对话框中的"生成"按钮 ▶，系统生成刀具轨迹，如图 6-88 所示。

单击"确认"按钮 🔩，系统弹出"刀轨可视化"对话框，选择 3D 动态，单击"播放"按钮 ▶，仿真结束后单击"刀轨可视化"对话框的 分析 按钮，然后单击加工面，测量其加工余量，如图 6-89 所示，最后三次单击"确定"按钮，完成圆柱铣削加工工序的创建。

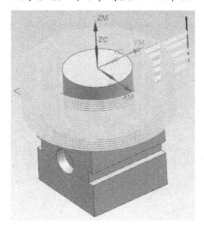

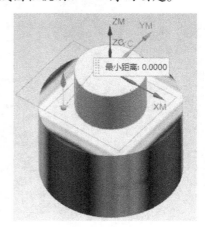

图 6-88 生成刀具轨迹　　　　　　　　　图 6-89 仿真结果分析

6.1.17 全部工序仿真加工

在工序导航器显示程序视图，选择 PROGRAM，单击"确认刀轨"按钮 🔩，系统弹出"刀轨可视化"对话框，选择 3D 动态，单击"播放"按钮 ▶，仿真结果如图 6-90 所示，单击"确定"按钮,完成仿真。

6.1.18 后处理

在"工序导航器-程序"对话框中选择 PROGRAM,单击 📇 按钮,系统弹出"后处理"对话框,如图6-91所示设置;单击"确定"按钮,后处理结果如图6-92所示。

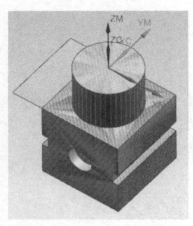

图6-90 全部工序仿真加工结果

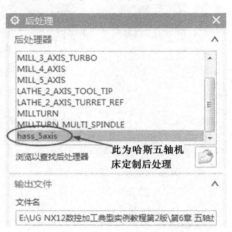

图6-91 "后处理"对话框

图6-92 后处理得到的数控加工程序

6.1.19 五轴定向加工小结

五轴定向加工也叫五轴定轴加工,第四、五轴(旋转轴)间歇运动实现分度。五轴定向加工可以一次装夹完成多个面的加工，减少了装夹次数，提高了生产效率和产品的加工精度，尤其对于形状复杂、单件小批量生产优势明显。

6.1.20　练习与思考

1. 本实例中用型腔铣加工四棱柱的一个面，用"变换"的方法得到其余三个面的加工工序，请尝试用"复制"的方法获得其余三个面的加工工序，并比较这两种方法的特点和适用范围。

2. 请完成附带光盘中 exe6_1.prt 部件的加工。

提示：用平面铣加工一个槽，用"变换"的方法得到其余三个槽的加工工序。

6.2　实例 2：叶轮五轴联动加工

叶轮是五轴机床验收试切的另一个典型零件，目的是检验机床五轴联动和后处理参数，毛坯是铝合金棒料，毛坯端面和外圆先在数控车床上进行精加工，然后用五轴加工中心进行联动铣削加工。

叶轮五轴联动加工工序（步）如下：

1）多叶片粗加工。

2）轮毂精加工。

3）叶片精加工。

4）圆角精加工。

6.2.1　打开源文件

打开源文件 exa6_2.prt，结果如图 6-93 所示。

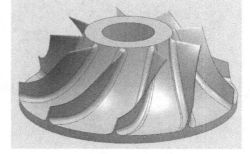

图 6-93　叶轮

6.2.2　部件分析

利用"分析"—"测量距离"命令可以测量叶轮尺寸为 ϕ208.26mm × 76.71mm，中心通孔为 ϕ50 mm，圆角为 R5mm。

6.2.3　加工环境配置

按"Ctrl+Shift+B"键隐藏部件显示毛坯，如图 6-94 所示。

选择"应用模块"—"加工"，进入加工模块，系统弹出"加工环境"对话框，如图 6-95 所示设置，单击"确定"按钮，完成加工环境的配置。

6.2.4　移动 WCS（工作坐标系）的原点

工序导航器显示几何视图，单击"+"展开 ⊕ 🧭MCS，再单击"+"展开 ⊕ 🔲 WORKPIECE，结果如图 6-96 所示。

选择"菜单"—"格式"—"WCS"—"显示"命令，显示 WCS。

选择"菜单"—"格式"—"WCS"—"原点"命令，将 WCS 原点指定为毛坯上表面的中心，如图 6-97 所示。

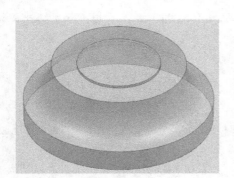

图 6-94　显示毛坯

图 6-95　加工环境配置

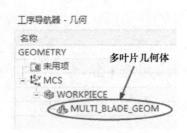

图 6-96　"工序导航器-几何"对话框

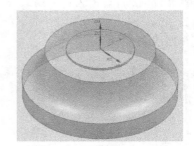

图 6-97　指定 WCS 原点位置

6.2.5　移动 MCS（加工坐标系）的原点

在工序导航器的几何视图中，双击 MCS，系统弹出"MCS"对话框，单击"坐标系对话框"按钮，系统弹出"坐标系"对话框，"参考"设为"WCS"。两次单击"确定"按钮，完成加工坐标系原点的指定，结果如图 6-98 所示。

6.2.6　指定部件、毛坯几何体

在"工序导航器-几何"对话框中双击 ⊕ WORKPIECE，系统弹出"工件"对话框，单击"指定毛坯"按钮⊗，选择毛坯，单击"确定"按钮，完成毛坯几何体的指定，按"Ctrl+Shift+B"键隐藏毛坯显示部件，单击"指定部件"按钮⊜，类型过滤器：| 面　　　　　 ▼|，窗选整个部件（曲面），如图 6-99 所示；两次单击"确定"按钮，完成部件、毛坯几何体的指定。

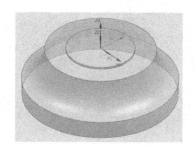

图 6-98　指定 MCS 原点位置

图 6-99　窗选部件几何体（曲面）

6.2.7　指定多叶片几何体

双击 ⊕ MULTI_BLADE_GEOM，系统弹出"多叶片几何体"对话框，如图 6-100 所示。

单击"指定轮毂"按钮⊛，系统弹出"轮毂几何体"对话框，选择图 6-101 所示轮毂面；单击"确定"按钮，返回"多叶片几何体"对话框。

图 6-100　"多叶片几何体"对话框

图 6-101　指定轮毂几何体

单击"指定包覆"按钮⊛，系统弹出"包覆几何体"对话框，选择图 6-102 所示包覆面；

单击"确定"按钮，返回"多叶片几何体"对话框。

单击"指定叶片"按钮，系统弹出"叶片几何体"对话框，选择图6-103所示叶片面；单击"确定"按钮，返回"多叶片几何体"对话框。

图6-102　指定包覆面

图6-103　指定叶片几何体（面）

单击"指定叶根圆角"按钮，系统弹出"叶根圆角几何体"对话框，选择图6-104所示叶根圆角面；单击"确定"按钮，返回"多叶片几何体"对话框，如图6-105所示设置参数并检查各几何体；单击"确定"按钮，完成多叶片几何体指定。

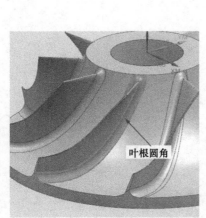

图6-104　指定叶根圆角

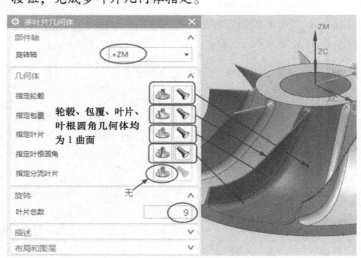

图6-105　多叶片几何体指定结果

6.2.8　创建刀具

单击按钮，系统弹出"创建刀具"对话框，如图6-106所示设置；单击"确定"按钮，系统弹出"铣刀-球头铣"对话框，如图6-107所示设置刀具参数；单击"确定"按钮，完成球刀 BALL_D8R4 的创建。

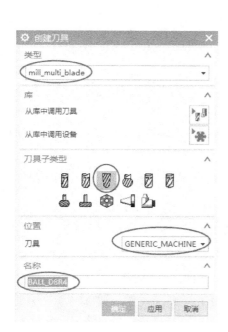

图 6-106 "创建刀具"对话框

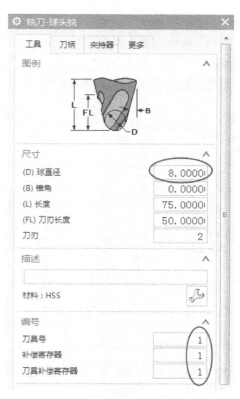

图 6-107 "铣刀-球头铣"对话框

6.2.9 创建多叶片粗加工工序

单击 按钮，系统弹出"创建工序"对话框，如图 6-108 所示设置。单击"确定"按钮，系统弹出"多叶片粗铣"对话框，如图 6-109 所示。

图 6-108 "创建工序"对话框

图 6-109 "多叶片粗铣"对话框

单击"驱动方法"编辑按钮，系统弹出"叶片粗加工驱动方法"对话框，如图6-110所示设置，单击"确定"按钮，返回"多叶片粗铣"对话框。

展开"工具"和"刀轴"区段，如图6-111所示，检查刀具、刀轴和加工方法。

图6-110 "叶片粗加工驱动方法"对话框   图6-111 检查刀具、刀轴和方法

单击"切削层"按钮，系统弹出"切削层"对话框，如图6-112所示设置，单击"确定"按钮，关闭"切削层"对话框。

单击"切削参数"按钮，系统弹出"切削参数"对话框，单击"余量"选项卡，如图6-113所示设置余量参数，单击"确定"按钮，返回"多叶片粗铣"对话框。

图6-112 "切削层"对话框   图6-113 余量参数设置

单击"非切削移动"按钮，系统弹出"非切削移动"对话框，如图 6-114 所示设置，单击"确定"按钮，返回"多叶片粗铣"对话框。

单击"进给率和速度"按钮，系统弹出"进给率和速度"对话框，如图 6-115 所示设置，单击"确定"按钮，完成进给率和速度的设置。

图 6-114　"非切削移动"对话框　　　　　图 6-115　"进给率和速度"对话框

单击"多叶片粗铣"对话框中的"生成"按钮，系统弹出图 6-116 所示信息（原因是有重复曲面），单击"取消"按钮，结束刀轨生成，单击"确定"按钮，生成"多叶片粗铣"工序"MULTI_BLADE_ROUGH"，如图 6-117 所示。删除叶轮重复曲面，如图 6-118 所示。

双击打开 MULTI_BLADE_ROUGH 工序，单击"多叶片粗铣"对话框中的"生成"按钮，生成刀具轨迹，如图 6-119 所示。

单击"确认"按钮，系统弹出"刀轨可视化"对话框，选择 3D 动态，单击"播放"按钮，仿真结束后单击"刀轨可视化"对话框的 分析 按钮，然后单击加工面，测量其加工余量，如图 6-120 所示，最后 3 次单击"确定"按钮，完成多叶片粗加工工序的创建。

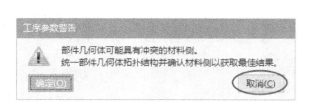

图 6-116　"工序参数警告"对话框

图 6-117　生成"多叶片粗铣"工序

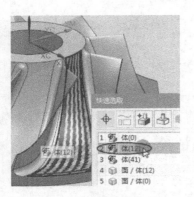

图 6-118　删除叶轮重复曲面

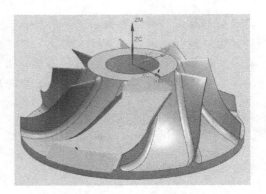

图 6-119　生成刀具轨迹

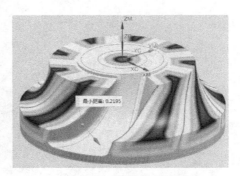

图 6-120　仿真结果分析

6.2.10　创建轮毂精加工工序

单击 ![按钮] 按钮，系统弹出"创建工序"对话框，如图 6-121 所示设置。单击"确定"按钮，系统弹出"轮毂精加工"对话框，如图 6-122 所示。

图 6-121　"创建工序"对话框

图 6-122　"轮毂精加工"对话框

单击"驱动方法"编辑按钮 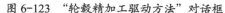，系统弹出"轮毂精加工驱动方法"对话框，如图 6-123 所示设置，单击"确定"按钮，返回"轮毂精加工"对话框。

展开"工具"和"刀轴"区段，如图 6-124 所示，检查刀具、刀轴和加工方法。

图 6-123 "轮毂精加工驱动方法"对话框

图 6-124 检查刀具、刀轴和方法

单击"切削参数"按钮 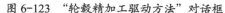，系统弹出"切削参数"对话框，单击"余量"选项卡，如图 6-125 所示设置余量参数，单击"确定"按钮，返回"轮毂精加工"对话框。

单击"非切削移动"按钮 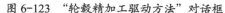，系统弹出"非切削移动"对话框，如图 6-126 所示设置，单击"确定"按钮，返回"轮毂精加工"对话框。

图 6-125 余量参数设置

图 6-126 "非切削移动"对话框

单击"进给率和速度"按钮🔧，系统弹出"进给率和速度"对话框，如图6-127所示设置，单击"确定"按钮，完成进给率和速度的设置。

单击"轮毂精加工"对话框中的"生成"按钮📳，生成刀具轨迹，如图6-128所示。

图6-127 "进给率和速度"对话框

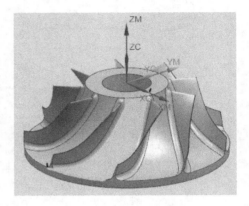

图6-128 生成刀具轨迹

单击"确认"按钮📷，系统弹出"刀轨可视化"对话框，选择 3D动态，单击"播放"按钮▶，仿真结束后单击"刀轨可视化"对话框的 分析 按钮，然后单击加工面，测量其加工余量，如图6-129所示，最后3次单击"确定"按钮，完成轮毂精加工工序的创建。

6.2.11 创建叶片精加工工序

单击 创建工序 按钮，系统弹出"创建工序"对话框，如图6-130所示设置。单击"确定"按钮，系统弹出"叶片精铣"对话框，如图6-131所示。

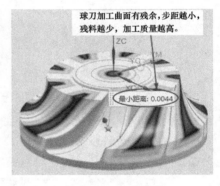

图6-129 仿真分析

单击"驱动方法"编辑按钮🔧，系统弹出"叶片精加工驱动方法"对话框，如图6-132所示设置，单击"确定"按钮，返回"叶片精铣"对话框。

展开"工具"和"刀轴"区段，如图6-133所示，检查刀具、刀轴和加工方法。

单击"切削层"按钮▤，系统弹出"切削层"对话框，如图6-134所示设置，单击"确定"按钮，关闭"切削层"对话框。

单击"切削参数"按钮🔳，系统弹出"切削参数"对话框，单击"余量"选项卡，如图6-135所示设置余量参数，单击"确定"按钮，返回"叶片精铣"对话框。

单击"非切削移动"按钮🔳，系统弹出"非切削移动"对话框，如图6-136所示设置，单击"确定"按钮，返回"叶片精铣"对话框。

单击"进给率和速度"按钮🔧，系统弹出"进给率和速度"对话框，如图6-137所示设置，单击"确定"按钮，完成进给率和速度的设置。

图 6-130　"创建工序"对话框

图 6-131　"叶片精铣"对话框

图 6-132　"叶片精加工驱动方法"对话框

图 6-133　检查刀具、刀轴和方法

图 6-134　"切削层"对话框

图 6-135　余量参数设置

图 6-136 "非切削移动"对话框　　　　　　图 6-137 "进给率和速度"对话框

单击"叶片精铣"对话框中的"生成"按钮，生成刀具轨迹，如图 6-138 所示。

单击"确认"按钮，系统弹出 "刀轨可视化"对话框，选择 3D 动态，单击"播放"按钮，仿真结束后单击"刀轨可视化"对话框的 分析 按钮，然后单击加工面，测量其加工余量，如图 6-139 所示，最后 3 次单击"确定"按钮，完成叶轮叶片精加工工序的创建。

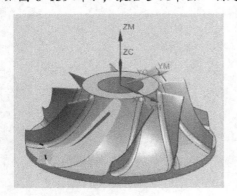

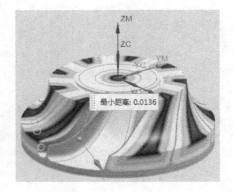

图 6-138 生成刀具轨迹　　　　　　图 6-139 仿真结果分析

6.2.12 创建圆角精加工工序

单击按钮，系统弹出"创建工序"对话框，如图 6-140 所示设置。单击"确定"按钮，系统弹出"圆角精铣"对话框，如图 6-141 所示。

单击"驱动方法"编辑按钮，系统弹出"圆角精加工驱动方法"对话框，如图 6-142 所示设置，单击"确定"按钮，返回"圆角精铣"对话框。

展开"工具"和"刀轴"区段，如图 6-143 所示，检查刀具、刀轴和加工方法。

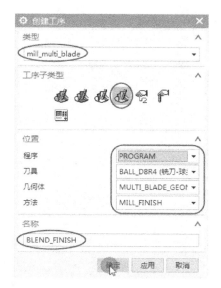

图 6-140 "创建工序"对话框

图 6-141 "圆角精铣"对话框

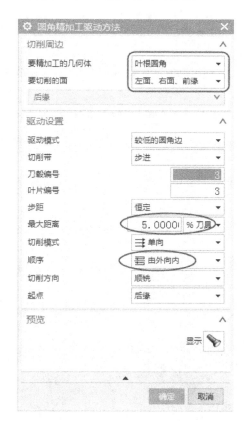

图 6-142 "圆角精加工驱动方法"对话框

图 6-143 检查刀具、刀轴和方法

单击"切削参数"按钮 ，系统弹出"切削参数"对话框，单击"余量"选项卡，如图 6-144 所示设置余量参数，单击"确定"按钮，返回"圆角精铣"对话框。

单击"非切削移动"按钮⊡，系统弹出"非切削移动"对话框，如图 6-145 所示设置，单击"确定"按钮，返回"圆角精铣"对话框。

图 6-144 余量参数设置

图 6-145 "非切削移动"对话框

单击"进给率和速度"按钮🐾，系统弹出"进给率和速度"对话框，如图 6-146 所示设置，单击"确定"按钮，完成进给率和速度的设置。

单击"圆角精铣"对话框中的"生成"按钮🏳，生成刀具轨迹，如图 6-147 所示。

图 6-146 "进给率和速度"对话框

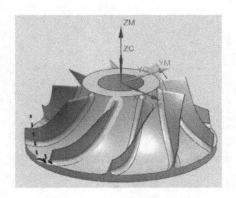

图 6-147 生成刀具轨迹

单击"确认"按钮 ，系统弹出"刀轨可视化"对话框，选择 3D 动态 ，单击"播放"按钮 ，仿真结束后单击"刀轨可视化"对话框的 分析 按钮，然后单击加工面，测量其加工余量，如图 6-148 所示，最后 3 次单击"确定"按钮，完成圆角精加工工序的创建。到此为止，已完成叶轮一条槽和一个叶片的加工，结果如图 6-149 所示。

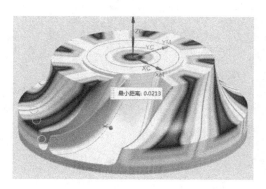

图 6-148 仿真结果分析

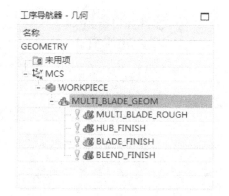

图 6-149 一条槽和一个叶片的加工工序

6.2.13 创建其余槽和叶片的加工工序

选择"多叶片粗铣"工序 MULTI_BLADE_ROUGH ，单击右键，选择"对象"——"变换"命令，系统弹出"变换"对话框，如图 6-150 所示设置。

选择图 6-151 所示叶轮端面中心，单击"变换"对话框的"确定"按钮，即可得到其余 8 条槽的粗加工工序，如图 6-152 所示，其刀具轨迹如图 6-153 所示。

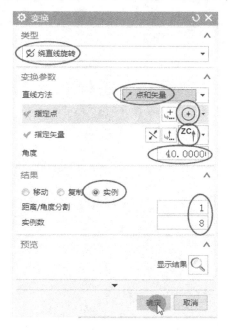

图 6-150 "变换"对话框

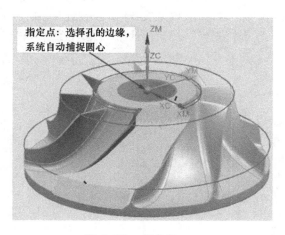

图 6-151 指定点

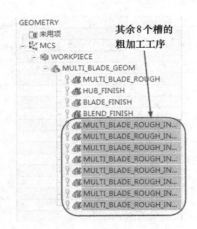

图 6-152　其余槽粗加工工序

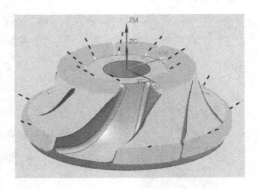

图 6-153　刀具轨迹

　　同样的方法，选择"轮毂精加工"工序 HUB_FINISH，单击右键，选择"对象"—"变换"命令，系统弹出"变换"对话框，如图 6-150 所示设置，选择图 6-151 所示叶轮端面中心，单击"变换"对话框的"确定"按钮，即可得到其余 8 个轮毂精加工工序，如图 6-154 所示，其刀具轨迹如图 6-155 所示。

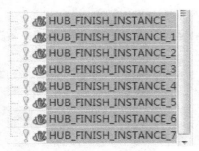

图 6-154　其余轮毂精加工工序

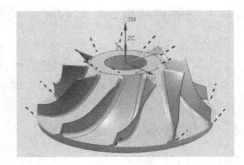

图 6-155　刀具轨迹

　　同样的方法，选择"叶片精铣"工序 BLADE_FINISH，单击右键，选择"对象"—"变换"命令，系统弹出"变换"对话框，如图 6-150 所示设置，选择图 6-151 所示叶轮端面中心，单击"变换"对话框的"确定"按钮，即可得到其余 8 个叶片精加工工序，如图 6-156 所示，其刀具轨迹如图 6-157 所示。

图 6-156　其余叶片精加工工序

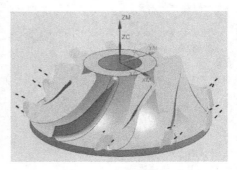

图 6-157　刀具轨迹

同样的方法，选择"圆角精铣"工序 <img_1 />BLEND_FINISH，单击右键，选择"对象"—"变换"命令，系统弹出"变换"对话框，如图 6-150 所示设置，选择图 6-151 所示叶轮端面中心，单击"变换"对话框的"确定"按钮，即可得到其余 8 个圆角精加工工序，如图 6-158 所示，其刀具轨迹如图 6-159 所示。

图 6-158　其余圆角精加工工序

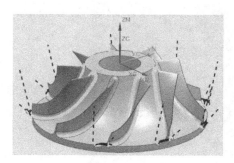

图 6-159　刀具轨迹

6.2.14　调整各工序顺序

在工序导航器中显示程序顺序视图，按先粗后精原则调整各工序顺序，结果如图 6-160 所示。

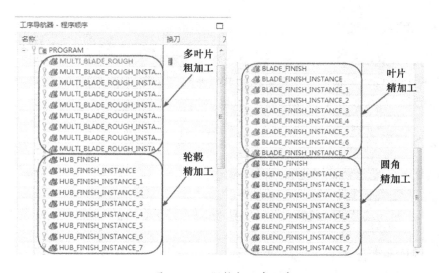

图 6-160　调整各工序顺序

6.2.15　后处理

由于选择全部工序进行后处理需要花费较长时间，在"工序导航器-程序"对话框中仅选择粗加工工序 MULTI_BLADE_ROUGH，单击 按钮，系统弹出"后处理"对话框，如图 6-161 所示设置；单击"确定"按钮，后处理结果如图 6-162 所示。

图 6-161 "后处理"对话框

图 6-162 后处理得到的数控加工程序

6.2.16 五轴联动加工小结

五轴联动加工是三个移动轴（X、Y、Z 轴）和两个旋转轴联动加工，可以加工一般三轴数控机床所不能加工或很难一次装夹完成加工的连续、平滑的自由曲面，可以提高空间自由曲面的加工精度、质量和效率，叶轮是五轴加工的典型案例。

6.2.17 练习与思考

1. 请完成附带光盘中 exe6_2.prt 部件的加工。

提示：需要定义分流叶片，加工工序如下：

粗加工叶片和分流叶片、精加工叶片、精加工分流叶片、精加工轮毂、精加工叶根圆角、精加工分流叶片圆角。

2. 请完成附带光盘中 exe6_3.prt 部件的加工。

提示：用型腔铣进行粗加工，可变轮廓铣（流线驱动）进行精加工。

参 考 文 献

[1] 贺建群. UG NX 数控加工典型实例教程[M]. 北京：机械工业出版社，2012.

[2] 北京兆迪科技有限公司. UG NX 10.0 数控加工教程[M]. 北京：机械工业出版社，2015.

[3] 麓山文化. UG NX10 中文版数控加工从入门到精通[M]. 北京：机械工业出版社，2015.

[4] 易良培，张浩. UG NX 10.0 多轴数控编程与加工案例教程[M]. 北京：机械工业出版社，2015.

[5] 展迪优. UG NX 10.0 数控加工完全学习手册[M]. 北京：机械工业出版社，2016.

[6] 钟涛. UG NX 10.0 中文版数控加工从入门到精通[M]. 北京：机械工业出版社，2017.